# 电子产品装配与调试

主　编　高　利

副主编　周鸿亮　金烜旭　陈　艳

参　编　谷兴文　高　云　王怀宇
　　　　刘　晶

北京理工大学出版社

BEIJING INSTITUTE OF TECHNOLOGY PRESS

## 内 容 简 介

本书以典型实训案例为学习目标，以基于工作过程的项目化内容为主要介绍对象，系统介绍了电子产品整机装配工具与检测仪器、电子产品整机装配常用元器件的识别与检测、电子产品的焊接工艺、整机装配工艺及调试等内容，配套学生工作手册，帮助学生提升学习效率。本书结构紧凑、图文并茂、内容丰富，具有极强的可读性和实用性。

**图书在版编目（C I P）数据**

电子产品装配与调试／高利主编. --北京：北京理工大学出版社，2023. 12

　　ISBN 978-7-5763-3345-9

　　Ⅰ. ①电…　Ⅱ. ①高…　Ⅲ. ①电子设备-装配（机械）②电子设备-调试方法　Ⅳ. ①TN805

中国国家版本馆 CIP 数据核字（2024）第 031892 号

| | | | |
|---|---|---|---|
| **责任编辑**：江　立 | | **文案编辑**：李　硕 | |
| **责任校对**：刘亚男 | | **责任印制**：李志强 | |

**出版发行** ／ 北京理工大学出版社有限责任公司

**社　　址** ／ 北京市丰台区四合庄路 6 号

**邮　　编** ／ 100070

**电　　话** ／ （010）68914026（教材售后服务热线）

　　　　　　（010）68944437（课件资源服务热线）

**网　　址** ／ http://www.bitpress.com.cn

**版 印 次** ／ 2023 年 12 月第 1 版第 1 次印刷

**印　　刷** ／ 涿州市新华印刷有限公司

**开　　本** ／ 787 mm×1092 mm　1/16

**印　　张** ／ 10.5

**字　　数** ／ 278 千字

**定　　价** ／ 88.00 元

图书出现印装质量问题，请拨打售后服务热线，负责调换

# 前言

本书根据当前职业教育的发展要求，以技能培养为主线来设计项目内容，按照项目化教学的形式组织编写，符合当前职业教育发展的需要。全书共有 5 个项目，项目 1 介绍电子产品整机装配工具与检测仪器，项目 2 介绍电子产品整机装配常用元器件的识别与检测，项目 3 介绍电子产品的焊接工艺，项目 4 介绍整机装配工艺及调试，项目 5 介绍电子产品整机的装配与调试实训案例。每个项目都包含若干个任务，每个项目都安排有知识目标、能力目标、思政目标。本书的创新之处在于每个项目都设置思政案例，重点培养学生分析问题、解决问题的能力，把爱国教育融入课程教学，引导学生认真学习，刻苦努力，不断创新，努力成长为有理想、有信念、懂技能的爱国工匠。本书选取典型的小型电子产品为载体，电路从简单到复杂，涉及多种电子操作工艺，帮助学生逐步掌握电子产品装配与调试全过程的知识和技能。

为了进一步提高学生的技能水平，在每个任务后面都配有学生工单，不同学生工单的内容不同，供学生巩固所学知识。本书可作为职业院校机电设备类、自动化类、电子信息类、集成电路类专业的教学用书，也可作为相关工种的职业技能培训用书和相关工程技术人员的参考用书。

本书由高利担任主编，周鸿亮、金烜旭、陈艳担任副主编，谷兴文、高云、王怀宇、刘晶参编。本书的项目 1、2、3 由高利编写，项目 4 由周鸿亮、金烜旭、陈艳编写，项目 5 由谷兴文、高云、王怀宇、刘晶编写，全书由高利、周鸿亮、金烜旭进行统稿和审核。本书在编写过程中得到了专家和同行的大力支持，编者参考了大量文献资料，在此向给予支持的专家、同行和文献资料的作者一并致以诚挚的谢意。

由于编者水平有限，书中难免存在不足之处，恳请广大读者批评指正。

编　者
2023 年 10 月

# 电子产品装配与调试实训总流程

电子产品的装配过程是先将零件、元器件组装成部件，再将部件组装成整机的过程。装配工艺流程图如下。

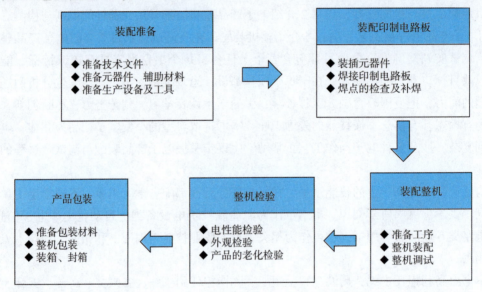

# 目录

## 项目3　电子产品的焊接工艺／76

## 项目 4　整机装配工艺及调试 ／ 101

## 项目 5　电子产品整机的装配与调试实训案例 ／ 107

# 项目 1

# 电子产品整机装配工具与检测仪器

## 知识目标

1. 了解常用装配工具的识别与选择方法；
2. 掌握万用表的结构和工作原理，数字万用表的使用方法；
3. 掌握示波器和信号发生器的使用方法。

## 能力目标

1. 能够根据产品需要正确选择装配工具；
2. 了解万用表的工作原理，能够使用万用表进行常用元器件的检测；
3. 能够正确使用示波器和信号发生器对产品整机信号进行检测。

## 思政目标

通过思政案例分析，让学生深刻领悟正确选择和使用工具的重要性。任何工具在生产过程中都有着非常重要的作用，培养学生注重生产过程中的细小环节，在实践中要具有精益求精、科技创新等工匠精神。

## 思政案例

2000 年，美国《纽约时报》曾发起一项"人类纪元以来第二个千年的最佳工具"评选活动，小小螺丝刀荣登榜首。

在工业领域中，螺丝刀被运用到很多领域，大到轮船、飞机，小到我们戴的眼镜、用的手机，这些都离不开螺丝刀。螺丝刀的发展伴随着螺钉的发展，最早在 1550 年前后，欧洲就开始出现作为扣件的金属螺母和螺栓。1780 年，真正意义上的螺丝刀出现于伦敦，木匠们发现用螺丝刀旋紧螺钉比用榔头敲击更能将东西固定好。

# 任务 1　常用装配工具的识别与选择

## 1.1　常用紧固工具的使用和选择

### 1. 手动紧固工具

1）螺丝刀

紧固螺钉或螺栓（以下统称螺钉）所用的工具有普通螺丝刀（又叫改锥）、力矩螺丝刀、固定扳手、活动扳手、力矩扳手、套管扳手等。

螺丝刀是一种用来拧转螺钉以使其就位的常用工具，通常有一个薄楔形头，可插入螺钉的槽缝或凹口内。

用螺丝刀来拧紧螺钉利用了轮轴的工作原理，刀柄可以看作轮，刀杆可以看作轴，当轮越大时越省力，所以使用长的粗柄螺丝刀比使用短的细柄螺丝刀拧紧螺钉时更省力。螺丝刀有一字形螺丝刀、十字形螺丝刀、偏置螺丝刀等几种。常见手动螺丝刀的外部结构如图 1.1 所示。

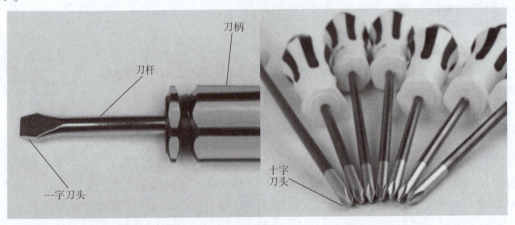

**图 1.1　常见手动螺丝刀的外部结构**

2）螺丝刀的选用

螺丝刀的规格以柄部以上的杆身长度和杆身直径来表示，习惯上仅以柄部以上的杆身长度来表示即可。电工常用的一字形螺丝刀有 50 mm、100 mm、150 mm 和 200 mm 等规格。十字形螺丝刀常用的有 4 个规格：Ⅰ 号适用于直径为 2~2.5 mm 的螺钉，Ⅱ 号适用于直径为 3~5 mm 的螺钉，Ⅲ 号适用于直径为 6~8 mm 的螺钉，Ⅳ 号适用于直径为 10~12 mm 的螺钉。对于十字形螺丝刀来说，选择合适的规格是十分必要的。

3）螺丝刀的使用方法

（1）在使用螺丝刀前，应先擦净刀柄和刀头上的油污，以免工作时因滑脱而发生意外，使用后也要擦拭干净。

（2）右手握持螺丝刀，手心抵住刀柄末端，让螺丝刀的刀头与螺钉槽口处于垂直吻合状态。

（3）当旋松或拧紧螺钉时，应先用力将螺丝刀压紧后，再用手腕的力量扭转螺丝刀。当螺钉松动后，即可轻压螺丝刀刀柄，用拇指、中指和食指快速转动螺丝刀。

（4）选用的螺丝刀刀头应与螺钉上的槽口吻合。若刀头太薄则易折断；太厚则不能完全嵌入槽内，易使刀头或螺钉槽口损坏。

### 2. 机动紧固工具

1）电动螺丝刀

电动螺丝刀又叫电批、电动起子，是用于拧紧和旋松螺钉的电动工具。该电动工具装有调节和限制扭矩的机构，主要用于装配线，是大部分生产企业必备的机动紧固工具。常见的电动螺丝刀的外部结构如图 1.2 所示。

自锁夹头　　启动开关　　正反转切换开关

**图 1.2　常见的电动螺丝刀的外部结构**

2）电动螺丝刀的选择

（1）根据用途选择。

在选择电动螺丝刀时，首先要确定购买电动螺丝刀的用处，即是家用还是工业用。家用和工业用的主要区别在于功率的大小：家用的电动螺丝刀的功率比较小，而且相对比较少用；而工业用的电动螺丝刀的功率较大，供专业人士长时间使用，能够减轻工作量。

（2）根据外观选择。

在选择工具时，外观也是不能忽略的因素。例如，我们在选择电动螺丝刀时，首先需要观察其表面是否美观、无磨损，部分零件是否有光泽，这样就能判断是否选择了质量较好的电动螺丝刀。

（3）根据扭矩选择。

与普通电钻相比，电动螺丝刀增加了"定力矩"功能，也就是超过一定力矩就会跳空，从而避免了因猛转螺钉而拧爆螺钉孔。同时电动螺丝刀增加了正反转切换开关来旋松或拧紧螺钉，低转速挡位更适合拧紧螺钉。扭矩太小，不能拧紧螺钉；扭矩太大，容易破坏螺钉孔，造成严重打滑。因此，最好选择拥有精准扭矩设置、最大扭矩适中且有多挡位调节的电动螺丝刀。

（4）根据转速、精准度选择。

如果电动螺丝刀的转速太低，就很容易降低工作效率。大品牌的电动螺丝刀往往有高、中、低等不同的转速挡位可供选择。精准度方面，有些电动螺丝刀对此要求不高，一般来讲，大品牌的电动螺丝刀在这方面做得比较好。

（5）根据性能选择。

在使用电动螺丝刀时，应先接通电动螺丝刀的电源，再操作开关，使工具起动。在此过程中，既要观察电动螺丝刀开关的通断电功能是否良好，又要观察各零件的功能是否完好。因为开关的稳定和各零件的完好是工具正常使用的基础，所以根据工具的良好性能来选择工具是最重要的一步。

## 1.2　常见的钳口工具

### 1. 尖嘴钳

1）尖嘴钳的概念

尖嘴钳是一种常用的钳形工具，它运用了杠杆原理，使用时一般用右手握住其两个钳柄进行操作。当不使用尖嘴钳时，应在其表面涂上润滑油，以免生锈或支点发涩。

尖嘴钳既可以用来夹持零件，也可以用来切断线径较小的单股与多股导线，还可以用来给单股导线的线头弯圈、剥塑料绝缘层。尖嘴钳能在较狭小的空间内进行操作。不带刀口的尖嘴钳只能用于夹持操作，带刀口的尖嘴钳能剪切细小零件。它是电工，尤其是内线器材等装配及修理工作者的常用工具。使用尖嘴钳时应注意，刀口不要朝向自己，使用完后放回原处，将其放在儿童不易接触的地方。

市面上的尖嘴钳可以分为高档日式尖嘴钳、专业电子尖嘴钳、德式省力尖嘴钳、VDE耐高压尖嘴钳等。常用尖嘴钳的外部结构如图1.3所示。

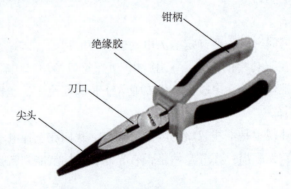

**图1.3　常用尖嘴钳的外部结构**

2）尖嘴钳的选用

尖嘴钳有裸柄和绝缘柄两种，带绝缘柄的尖嘴钳可承受的最大电压一般为500 V，平时工作中应尽量选用带绝缘柄的尖嘴钳。尖嘴钳的规格以其全长表示，常用的规格有130 mm、160 mm、180 mm和200 mm这4种。

尖嘴钳的使用方法与钢丝钳相同。尖嘴钳的握法分为平握法和立握法，如图1.4所示。

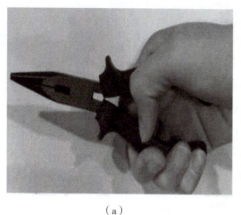
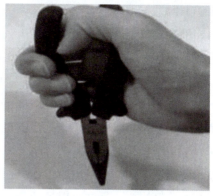

（a）　　　　　　　　　　　　　　（b）

**图 1.4　尖嘴钳的握法**

（a）平握法；（b）立握法

在使用尖嘴钳时，应注意以下事项。

（1）严禁对尖嘴钳的尖头施加过大的压力。

（2）不允许用尖嘴钳装卸螺钉、夹持较粗的硬金属导线及其他硬物。

（3）尖嘴钳的塑料钳柄破损后应及时更换，严禁带电操作。

（4）尖嘴钳尖头是经过淬火处理的，不要在锡锅或高温条件下使用。

（5）为防止尖嘴钳生锈，钳轴要经常加油。

（6）带电操作时，手与尖嘴钳的金属部分应保持 2 cm 以上的距离。

（7）禁止把尖嘴钳当作扳手拆装螺钉。

### 2. 偏口钳

1）偏口钳的概念

偏口钳是电工常用工具，又叫斜口钳，主要用于剪切导线、元器件多余的引线，还常用来代替一般剪刀剪切绝缘套管、尼龙扎线卡、扎带等。偏口钳的外部结构如图 1.5 所示。

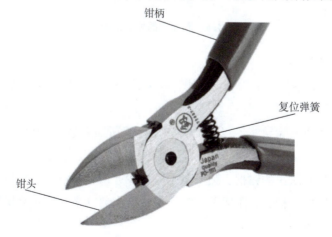

钳柄

复位弹簧

钳头

**图 1.5　偏口钳的外部结构**

2）偏口钳的选用

偏口钳的功能以切断导线为主。对于 2.5 mm² 的单股铜线，剪切起来已经很费力，而且容易导致钳子损坏，建议不要用偏口钳剪切 2.5 mm² 以上的单股铜线和铁丝。在尺寸选择上，以 5 寸（1 寸≈3.33 厘米）、6 寸、7 寸的偏口钳为主。普通电工布线时，一般选择 6 寸、7 寸偏口钳，因为这种偏口钳的切断能力比较强，剪切不费力。线路板安装维修以 5 寸、6 寸偏口钳为主，这种偏口钳使用起来方便灵活，长时间使用不易疲劳。4 寸偏口钳属于最小尺寸的钳子，只适合做一些粗略的工作。

偏口钳常用右手操作，使用时将钳口朝内侧，便于控制剪切部位，将小指伸在两钳柄中间抵住钳柄，张开钳头，这样可以灵活分开钳柄。

需要注意的是，偏口钳不可以用来剪切钢丝、钢丝绳和过粗的铜导线和铁丝，否则容易导致钳子损坏。

### 3. 剥线钳

1）剥线钳的概念

剥线钳是内线电工、电动机修理工、仪器仪表电工常用的工具之一，用来剥除线头的表面绝缘层。剥线钳可以使电线被切断的绝缘皮与电线分开，还可以防止触电。剥线钳的外部结构如图 1.6 所示。

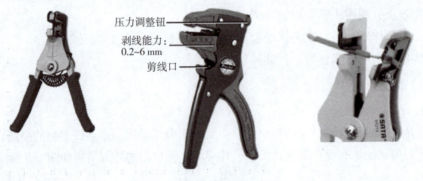

**图 1.6 剥线钳的外部结构**

2）剥线钳的使用方法

剥线钳是线路维修中使用最为广泛的电工工具之一，正确使用剥线钳十分重要。剥线钳的使用主要分为以下 3 步。

（1）在使用剥线钳剥除导线绝缘层时，先用标尺将需要剥除的绝缘长度测量好，做好相应的记号。若剥线钳自带长度尺，可直接用剥线钳测量剥除长度。

（2）一只手握住剥线钳的钳柄，另一只手将导线放入剥线钳的剪线口。

（3）握紧剥线钳的钳柄，将不需要的导线绝缘层剥离开来，露出金属导线。

剥线钳的使用方法如图 1.7 所示。

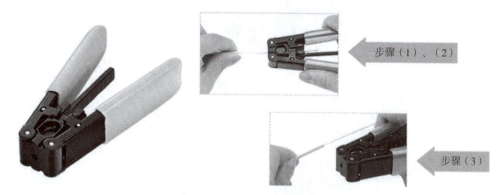

**图 1.7　剥线钳的使用方法**

想要延长剥线钳的使用寿命，除使用时规范操作外，还需注意以下 7 点。

（1）勿将剥线钳当作锤子使用，否则当用力过大或锤击物较硬时会使剥线钳断裂。

（2）勿将剥线钳当作扳手使用，否则剥线钳的刀片会出现裂口，影响剥线钳的正常使用。

（3）勿将剥线钳当作老虎钳（钢丝钳）使用，不要用剥线钳夹断钢丝或铁丝等硬物，避免剥线钳的刀片变钝，影响正常使用。

（4）勿因为剥线钳的钳柄不够长而盲目延长钳柄长度，应使用相应规格的剥线钳进行操作。

（5）有些剥线钳钳柄的保护套采用的材质不是绝缘体，不具备绝缘保护的作用，不能用于带电工作。

（6）剥线钳的钳柄（绝缘部分）不能存在缺口、伤痕等问题，否则使用时会存在安全隐患。

（7）在使用剥线钳时最好佩戴目镜，避免眼睛受到伤害。

3）剥线钳的种类

市面上剥线钳的种类众多，不同类型的剥线钳具备不同的功能，在使用时会有不同的效果。常用的剥线钳可分为以下 4 种。

（1）多功能剥线钳。

多功能剥线钳是用于切线和剥线的专业工具，具备多规格切口，既能剥多股线，也能剪网线和电缆线，其实用性强，安全方便。

多功能剥线钳外形小巧（单手即可操作），支持调节刀片切线深度，能快速剥离多种线缆（如扁平线、细圆线及网线等）；具备安全锁扣，体积小，可方便收纳和携带；采用加厚 ABS 外壳材质，扎实耐用。多功能剥线钳的常用功能如图 1.8 所示。

（2）便捷式剥线钳。

便捷式剥线钳（也称为剥线刀）是一种在安装插头或梯形插座时用来拆除线缆四周保护外套的工具，也可用来剥电话线、网线等线缆。便携式剥线钳的使用方法如图 1.9 所示。

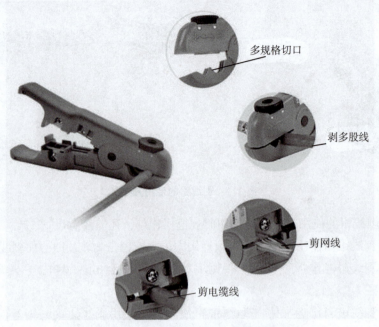

多规格切口

剥多股线

剪网线

剪电缆线

**图 1.8　多功能剥线钳的常用功能**

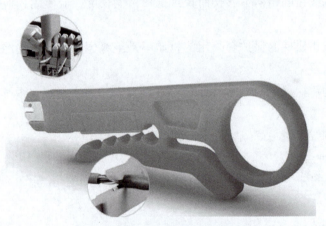

**图 1.9　便捷式剥线钳的使用方法**

（3）光纤剥线钳。

光纤剥线钳是用来切开和剥除光纤涂层的工具。光纤剥线钳采用三孔分段式设计，具备孔径精准、刀口锋利等特色，使用时无须调整孔径，就能在不伤害光纤的前提下快速、整齐地剥离光纤涂层。光纤剥线钳的外部结构如图 1.10 所示。

（4）皮线光缆剥线钳。

皮线光缆剥线钳（也称为 FTTH 光缆剥线钳）是一种专业的光纤到户（Fibre To The Home，FTTH）工具，用于皮线光缆的剥离。皮线光缆剥线钳的外部结构如图 1.11 所示。

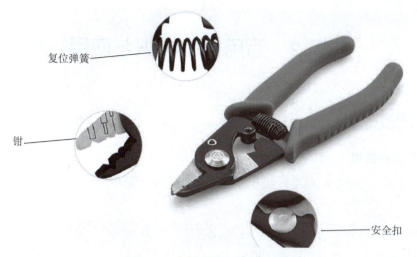

复位弹簧

钳

安全扣

**图 1.10　光纤剥线钳的外部结构**

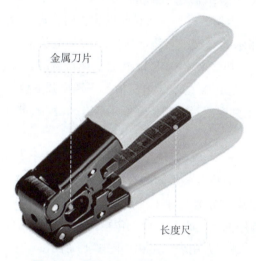

金属刀片

长度尺

**图 1.11　皮线光缆剥线钳的外部结构**

4）剥线钳的选择

在选择剥线钳时，我们应该从以下 3 个方面考虑。

（1）剥线钳的线径。选择合适线径（导体尺寸）的剥线钳刀片，若剥线钳的线径过小，则无法剥离线缆。

（2）剥线钳的性能。若需要带电操作，且使用频繁、剥线强度大，则必须选择带有绝缘钳柄和省力弹簧且结实耐用的剥线钳。

（3）剥线钳的质量（做工）。选择表面光滑、刀片锋利、钳体结实耐用、弹簧收缩性较好的剥线钳，在使用时既不伤线，又不累人。

**请完成学生工单 1**

# 任务 2　万用表的认识与使用

## 2.1　认识万用表

### 1. 万用表的结构

万用表由表头、测量电路及转换开关这 3 个主要部分组成。

**1）表头**

万用表的主要性能指标基本上取决于表头的性能。表头的灵敏度与表头指针满刻度偏转时流过表头的直流电流值有关，这个值越小，表头的灵敏度越高。测量电压时的内阻越大，其性能就越好。表头上有 4 条刻度线，它们的功能如下：第一条刻度线（从上到下）标有"R"或"Ω"，指示的是电阻值，转换开关位于欧姆挡时，即读此条刻度线；第二条刻度线标有"∽"和"mA"，指示的是交、直流电压值和直流电流值，当转换开关位于交、直流电压或直流电流挡，且量程在除交流 10 V 以外的其他位置时，即读此条刻度线；第三条刻度线标有"10 V"，指示的是 10 V 的交流电压值，当转换开关位于交、直流电压挡，且量程在交流 10 V 时，即读此条刻度线；第四条刻度线标有"dB"，指示的是音频电平。

**2）测量电路**

测量电路是用来将各种被测量转换成适合表头指示的微小直流电流的电路，它由电阻、半导体元件及电源组成。它能将各种不同的被测量（如电流、电压、电阻等）的不同量程，经过一系列的处理（如整流、分流、分压等）统一转换成一定量限的微小直流电流，并送入表头进行测量。测量常用的工具是万用表，包括指针万用表和数字万用表，其中指针万用表的结构如图 1.12 所示，数字万用表的结构如图 1.13 所示。

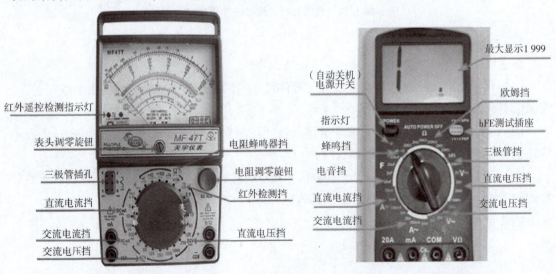

图 1.12　指针万用表的结构　　　　图 1.13　数字万用表的结构

3）转换开关

万用表的转换开关通常位于仪器的顶部或侧面，它包含测量范围和测量方式的选择开关，可以旋转或移动以改变测量设置。大多数万用表都有一个功能较全面的转换开关，它可以选择多个测量挡位，如电压、电流、电阻、电容和温度等。

值得注意的是，当不使用万用表时，其转换开关要放置在交流电压最大量程挡位上，不能放置在电阻挡位上，防止用户在不知情的情况下使用万用表测量电压和电流导致其被烧毁。在测量电压和电流时，如果不知道电压和电流的大小，一定要将挡位调到最大测量挡位。

### 2. 万用表的工作原理

集成芯片 7106B 是一个集成 A/D（模/数）与显示驱动相关逻辑电路的大规模集成电路，可以实现直流电压表功能。数字万用表是在 7106B 构成的直流数字电压表的基础上扩展而成的，其工作原理如图 1.14 所示。数字万用表主要由 A/D 转换器、计数器、译码显示器等组成。在此基础上，利用 AC-DC（交流-直流）转换器、V-I（电压-电流）转换器、Ω-V（电阻-电压）转换器、β-V（晶体管 β 值-电压）转换器、C-V（电容-电压）转换器，就可以把被测物理量转换成直流电压信号，从而实现数字万用表各项功能。

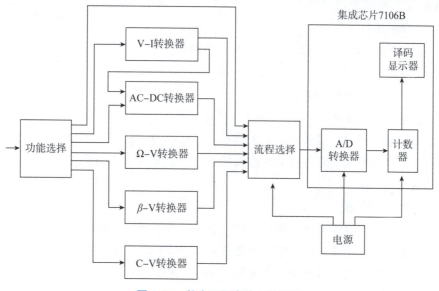

**图 1.14　数字万用表的工作原理**

## 2.2　万用表的使用方法

### 1. 指针万用表的使用方法

（1）在使用指针万用表之前，应先进行"机械调零"，即在没有被测电量时，使指针万用表的指针指在零电压或零电流的位置上。

（2）在使用指针万用表的过程中，不能用手去接触表笔的金属部分，这样一方面可以保证测量的准确性，另一方面可以保证人身安全。

（3）在测量某一电量时，不能在测量的过程中换挡，尤其是在测量高电压或大电流时更应注意，否则会使万用表毁坏。如需要换挡，应先断开表笔，换挡后再进行测量。

（4）指针万用表在使用时，必须水平放置，以免造成测量误差。同时，要注意避免外界磁场对指针万用表的影响。

（5）指针万用表使用完毕，应将转换开关置于交流电压的最大挡。如果长期不使用，还应将其内部的电池取出，以免电池腐蚀表内其他器件。

（6）欧姆挡的使用。在使用指针万用表的欧姆挡测量电阻时，应注意以下几点。

①选择合适的倍率。在用欧姆挡测量电阻时，应选适当的倍率，使指针指示在中值附近。最好不使用刻度左边三分之一的部分，因为这部分刻度密集，读数效果较差。

②使用前要调零。

③不能带电测量。

④被测电阻不能有并联支路。

⑤在用指针万用表不同倍率的欧姆挡测量非线性元件的等效电阻时，测出的电阻值是不相同的，这是由于各挡位的中值电阻和满刻度电流各不相同。在机械表中，一般倍率越小，测出的阻值越小。

## 2. 数字万用表的使用方法

1）电压的测量

（1）直流电压（如电池、随身听电源等）的测量。

首先将黑表笔插进"COM"孔，红表笔插进"VΩ"孔，将转换开关转到比估计值大的量程（注意：表盘上的数值均为最大量程，"V–"表示直流电压挡，"V～"表示交流电压挡，"A–"表示直流电流挡，"A～"表示交流电流挡），然后把表笔接于电源或电池两端，保持接触稳定。数值可以直接从显示屏上读取，若显示为"1."，则表明量程太小，此时就要加大量程后再进行测量。若在数值左边出现"–"，则表明表笔极性与实际电源极性相反，此时红表笔接的是负极。

（2）交流电压的测量。

表笔的插孔方法与直流电压的测量一样，将转换开关转到交流电压"V～"挡处所需的量程即可。交流电压无正负之分，测量方法与直流电压的测量方法相同。无论是测交流电压还是直流电压，都要注意人身安全，不要用手触摸表笔的金属部分。

2）电流的测量

（1）直流电流的测量。

先将黑表笔插入"COM"孔，若测量大于 200 mA 的电流则将红表笔插入"10 A"孔并将转换开关转到直流电流"10 A"挡，若测量小于 200 mA 的电流则将红表笔插入"200 mA"孔并将转换开关转到直流电流 200 mA 以内的合适量程。调整好后，就可以测量直流电流了。将数字万用表串联进电路中，保持稳定即可读数。若显示为"1."，则要加大量程。若在数值左边出现"–"，则表明电流从黑表笔流进万用表。

（2）交流电流的测量。

交流电流的测量方法与直流电流的测量方法相同，将转换开关转到交流挡位即可。电流测量完毕，应将红表笔插回 "VΩ" 孔，若忘记这一步，而直接测电压，则数字万用表或电源会被烧毁。

3）电阻的测量

将黑表笔和红表笔分别插进 "COM" 和 "VΩ" 孔中，把转换开关转到 "Ω" 挡中所需的量程，表笔接在电阻两端金属部位。测量过程中可以用手接触电阻，但不要用手同时接触电阻两端，这样会影响测量精确度，因为人体是电阻很大的导体。读数时，要保持表笔和电阻有良好的接触。注意单位：在 "200" 挡时的单位是 "Ω"，在 "2k" 到 "200k" 挡时的单位是 "kΩ"，在 "2M" 以上挡时的单位是 "MΩ"。

**请完成学生工单 2**

# 任务 3   检测仪表的使用

## 3.1   认识示波器

### 1. 示波器的结构

示波器是能够把电信号转换成可直接观察的波形的电子仪器，它还可根据电信号的波形对电信号的多种参量进行测量，如电信号的电压幅度、周期、频率、相位差、脉冲宽度等。

示波器主要由垂直通道、水平通道、触发控制部分和屏幕及控制旋钮等组成。SS-7802型双通三踪示波器的外部结构如图 1.15 所示。

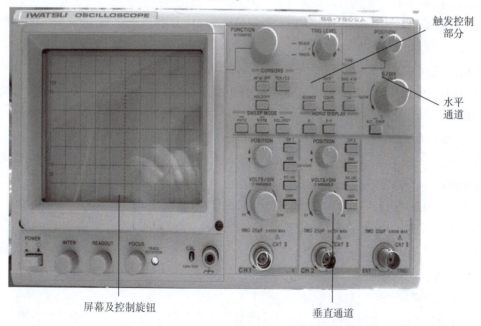

图 1.15   SS-7802 型双通三踪示波器的外部结构

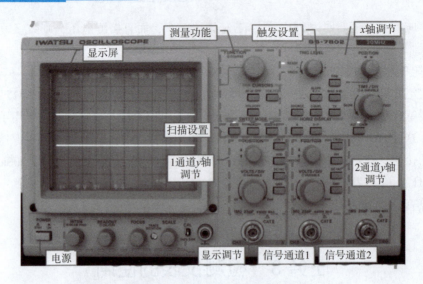

**图1.15 SS-7802型双通三踪示波器的外部结构（续）**

### 2. 双踪示波器的使用方法

示波器可以测量电压、时间、相位和脉冲宽度等物理量。

1）直流电压的测量

将"扫描方式"开关置于"自动"挡，选择"TIME/DIV"（扫描时间）旋钮，使扫描线不发生闪烁。

将"DC/⊥/AC"开关置于"⊥"挡，调节"POSITION"（垂直位移）旋钮，使扫描基线准确落在某水平刻度线上，作为0 V基准线。

将"DC/⊥/AC"开关置于"DC"挡，并将被测信号电压加至输入端，扫描线所示波形的中线与0 V基准线的垂直位移即信号的直流电压幅度。

若扫描线上移，则被测直流电压为正；若扫描线下移，则被测直流电压为负。

用"VOLTS/DIV"（电压幅度）旋钮位置的电压值乘以垂直位移的格数，即可得到直流电压的数值。

2）交流电压的测量

将"DC/⊥/AC"开关置于"AC"挡，调节"POSITION"旋钮，使扫描基线准确地落在屏幕中间的水平刻度线上，作为基准线。

调节"VOLTS/DIV"旋钮，使交流电压波形在垂直方向上占4~5个格数；调节"TIME/DIV"旋钮，使信号波形稳定。

以"VOLTS/DIV"旋钮位置的标称值乘以信号波形波峰与波谷间垂直方向的格数，即可得到交流电压的峰峰值。

3）时间的测量

对"TIME/DIV"进行校准后，可对被测信号波形上任意两点的时间参数进行测量。

选择合适的"TIME/DIV"旋钮位置，使波形在$x$轴上出现一个完整的波形。

根据屏幕坐标的刻度，读出被测量信号两个特定点$P$与$Q$之间的格数，乘以"TIME/

DIV"旋钮所在位置的标称值,即可得到这两点间波形的时间。

若这两个特定点正好是一个信号的完整波形,则所得时间就是信号的周期,其倒数即该信号的频率。

4)相位的测量

利用双踪示波器可以很方便地测量两个信号的相位差。

将双踪示波器置于"交替"显示方式,并将两个信号分别输入 Y1 和 Y2 通道。

从屏幕上读出第一个信号的一个完整波形所占的格数,用 360°除以这个格数,得到每格对应的相位角。然后读出两个信号相同部位的水平距离(格数),再乘以每格对应的相位角,即可计算出两个信号的相位差。

若读出第一个信号的一个完整波形占了 8 格,两个信号相同部位的水平距离为 1.6 格,则这两个信号的相位差为

$$\Delta\phi = 360° \div 8 \times 1.6 = 72°$$

5)脉冲宽度的测量

先使屏幕中心显示出 $y$ 轴幅度为 3~4 格的脉冲波形,再调节"TIME/DIV"旋钮,使波形在 $x$ 轴方向上显示出 5~6 格的宽度,此时脉冲上升沿和下降沿中点距离 $D$ 为脉冲宽度,只要读出 $D$ 的格数,再乘以"TIME/DIV"旋钮所在位置的标称值,即可得脉冲宽度的数值。

## 3.2　认识信号发生器

### 1. 信号发生器的作用

信号发生器又称信号源,它是电子测量中提供符合一定电子技术要求的电信号的设备,能提供不同波形、频率、幅度的电信号,主要是正弦波、三角波、锯齿波和脉冲等。它与电子电路中的电流源、电压源的区别在于其提供的是电信号,而后者提供的是电能。

### 2. 信号发生器的结构

信号发生器的基本构成如下。

(1)振荡器:用于产生信号的基本部件,根据不同的应用,可以选择不同的振荡器电路。

(2)频率控制器:用于控制信号的频率,通常包括电容、电感、晶体管等元件和调节电路。

(3)放大器:用于增强信号的幅度,提高输出功率。

(4)滤波器:用于去除杂波和滤波,提高信号品质。

(5)表示器:用于显示信号的频率、幅度等参数,通常采用数字式或模拟式。

(6)电源:提供电能给信号发生器各个部分,确保信号发生器能够正常工作。

以上是信号发生器的基本构成,不同类型的信号发生器,其功能和构成部分也有所不同。

图 1.16 所示为 SG1641A 型函数信号发生器的面板结构。

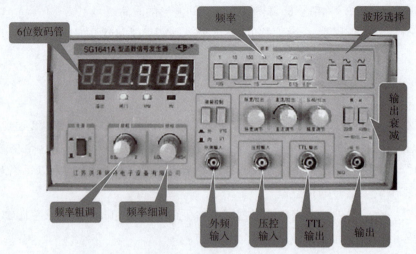

**图 1.16　SG1641A 型函数信号发生器的面板结构**

### 3. 信号发生器的使用方法

（1）将电源线接入 220 V、50 Hz 的交流电源上。

注意：三芯电源插座的地线应与地妥善接好，避免干扰。

（2）开机前应把面板上各输出旋钮旋至最小挡。

（3）为了得到足够的频率稳定度，机器需预热。

（4）频率调节。面板上的输出信号频段选择键的作用是选择频段，按下相应的按键，然后调节输出信号频率粗调和细调旋钮至所需要的频率上。此时频率计内测、外测功能选择键弹起，输出信号的频率由 6 位数码管显示。

（5）波形转换。根据需要的波形种类，按下相应的波形选择键。波形选择键从左至右依次是 TTL 电平、锯齿波、正弦波。

（6）输出衰减有 0 dB、20 dB、40 dB、60 dB、80 dB 共 5 挡，根据需要进行选择，在不需要衰减的情况下应按下 "0dB" 键，否则没有输出。

（7）幅度调节。正弦波与脉冲波的幅度分别由正弦波幅度调节旋钮和尖脉冲波幅度调节旋钮调节。

（8）矩形脉宽调节。通过矩形脉冲宽度调节旋钮调节矩形脉宽。

（9）"单次" 触发。需要使用单次脉冲时，先将 6 段频率键全部抬起，脉宽电位器顺时针旋到底，轻按一下 "单次" 键，输出一个正脉冲；将脉宽电位器逆时针旋到底，轻按一下 "单次" 键，输出一个负脉冲，单次脉冲宽度等于按键被按下的时间。

（10）频率计的使用。频率计可以进行内测和外测，频率计内测、外测功能选择键按下时为外测，弹起时为内测。频率计可以实现频率、周期、计数测量。

轻按相应按钮开关后，即可实现功能的切换，同时面板上的发光二极管会给出相应的功能指示。

当测量频率时，"Hz/MHz" 发光二极管亮；测量周期时，"ms/s" 发光二极管亮。

为保证测量精度，频率较低时选用周期测量，频率较高时选用频率测量。

如果发现溢出显示 "-- -- -- -- -- -- --"，按复位按钮复位；如果发现 3 个功能指示同时亮，可关机后重新开机。

**请完成学生工单 3**

# 项目 2

## 电子产品整机装配常用元器件的识别与检测

**知识目标**

掌握直插式电阻、电位器、排阻、电容、电感、二极管、晶体管、晶振等的分类、识别与检测方法。

**能力目标**

能够对直插式电子元器件进行检测。

**思政目标**

通过思政案例，激发学生的爱国情怀，培养学生科学、严谨、认真的工作作风。

**思政案例**

作为中国航天科技集团八院149厂对接机构总装组组长，王曙群和团队负责空间站的核心产品之一——对接机构的装调（装配与调试）。

每一次对接，12把锁必须同步锁紧，同步分离。王曙群担起重任，从150万个数据中寻找线索，带领团队反复试验、调整、总装，最终让"神舟"飞船航天器在太空中实现精准对接。

以匠人之心缔造"太空之吻"，王曙群对"工匠精神"有着独到的理解。他认为，在追求细致、极致、卓越、超越的同时，工匠精神必须与时代、产业发展同频共振，持续更新知识技能，这样才能走在产业发展的最前沿。

王曙群所在的149厂有约800名一线产业工人。王曙群表示，谈及创新，大多数人认为创新是科研技术人员的责任，实际上，一线产业工人的创新是最实用的创新。

从2015年至今，厂里平均每两年就有一线产业工人走上省部级科技进步奖领奖台，这表明新时代的产业工人是知识与技能兼备的复合型人才。

从"神舟"到"天宫"，从"天舟"到"嫦娥"，王曙群带领团队参与了不同型号的航天设备的科研生产和发射任务，托起了我国探索浩瀚星空的梦想。

"成长的道路上，不走捷径就是最大的捷径。"30多年来，王曙群把工匠精神植根于心、付之于行，从一个拧螺钉的装配工人，成长为对接机构总装组组长，载人航天工程总装领域杰出的技能领军人物。

在单位里，王曙群常常跟徒弟们说："拿起工具，要能成为制造'零缺陷'产品的技师；张开嘴，要能担当传承技艺的讲师；提起笔，要能成为创新提炼总结的大师。"

王曙群将一线产业工人40年的职业生涯大致划分为4个阶段：第一个十年要锻炼自己的综合能力，第二个十年要开始为企业创造更多的价值，第三个十年要在创新领域有所突破，而最后十年的重心要放在传承上。

参加首届大国工匠论坛对于王曙群来说既是一种荣耀，也是一种责任。他认为引领更多年轻人走上技能成才、技能报国的道路，就是大国工匠的责任。

# 任务 1　电阻的识别与检测

## 1.1　电阻的识别

### 1. 电阻的作用

电阻的主要用途是稳定和调节电路中的电压和电流，另外，它还可以作为分流器、分压器和消耗电能的负载等。

### 2. 电阻的分类、识别

电阻的种类较多，电子电路中应用较多的有碳膜电阻、金属氧化膜电阻、金属膜电阻、线绕电阻、水泥电阻和网络电阻。

1）碳膜电阻

碳膜电阻是以碳膜作为基本材料，利用浸渍或真空蒸发形成结晶的电阻膜（碳膜），属于通用性电阻。常见的碳膜电阻如图2.1所示。

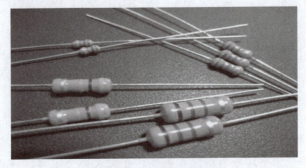

**图 2.1　常见的碳膜电阻**

2）金属氧化膜电阻

金属氧化膜电阻是在陶瓷基体上蒸发一层金属氧化膜，然后涂一层硅树脂胶，使电阻的表面坚硬而不易碎坏。常见的金属氧化膜电阻如图 2.2 所示。

图 2.2  常见的金属氧化膜电阻

3）金属膜电阻

金属膜电阻以特种稀有金属作为电阻材料，利用厚膜技术在陶瓷基体上进行涂层和焙烧形成电阻膜。常见的金属膜电阻如图 2.3 所示。

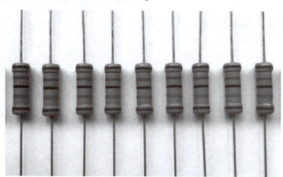

图 2.3  常见的金属膜电阻

4）线绕电阻

线绕电阻是将电阻丝绕在耐热瓷体上，表面涂以耐热、耐湿、耐腐蚀的不燃性涂料保护而成。线绕电阻与额定功率相同的薄膜电阻相比具有体积小的优点，它的缺点是分布电感大。常见的大功率线绕电阻如图 2.4 所示。

图 2.4  常见的大功率线绕电阻

5）水泥电阻

水泥电阻其实也是一种线绕电阻，它是将电阻丝绕于无碱性耐热瓷体上，外面加上耐热、耐湿及耐腐蚀材料保护固定而成的。常见的水泥电阻如图 2.5 所示。

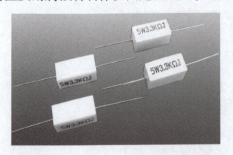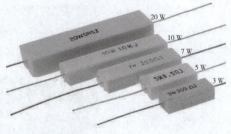

**图 2.5　常见的水泥电阻**

6）网络电阻

网络电阻又称排阻，是一种将多个电阻按一定规律排列集中并封装在一起形成的复合电阻。排阻有单列式（SIP）和双列直插式（DIP），如图 2.6 所示。

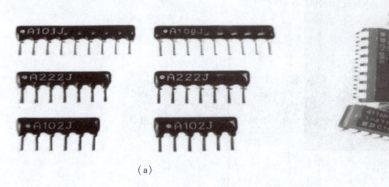

（a）　　　　　　　　　　　　　　　　（b）

**图 2.6　排阻**

（a）单列式（SIP）；（b）双列直插式（DIP）

排阻具有方向性，单列式引脚由小圆点表示。当排阻的主体面向用户，小圆点或槽向上时，则左边第一个引脚就是 1 号引脚，如图 2.7 所示，

**图 2.7　排阻的方向性**

**3. 电位器的分类、识别**

电位器的种类较多，电子电路中应用较多的有碳膜电位器、线绕电位器、微调电位器。

1）碳膜电位器

碳膜电位器是目前使用较多的一种电位器，其主要特点是分辨率高、阻值范围大、滑动噪声大、耐热耐湿性较差。常见的碳膜电位器如图 2.8 所示。

图 2.8　常见的碳膜电位器

2）线绕电位器

线绕电位器由电阻丝绕在圆柱形的绝缘体上构成，通过滑动滑柄或旋转转轴实现电阻值的调节。常见的线绕电位器如图 2.9 所示。

图 2.9　常见的线绕电位器

3）微调电位器

微调电位器一般用于阻值不需要频繁调节的场合，通常由专业人员完成调试，用户不可随意调节。常见的微调电位器如图 2.10 所示。

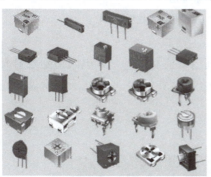 

图 2.10　常见的微调电位器

#### 4. 敏感电阻的分类、识别

敏感电阻的种类较多，电子电路中应用较多的有热敏电阻、光敏电阻、压敏电阻、气敏电阻、湿敏电阻、磁敏电阻等。

1）热敏电阻

热敏电阻有正温度系数（Positive Temperature Coefficient，PTC）热敏电阻和负温度系数（Negative Temperature Coefficient，NTC）热敏电阻，如图 2.11 所示。

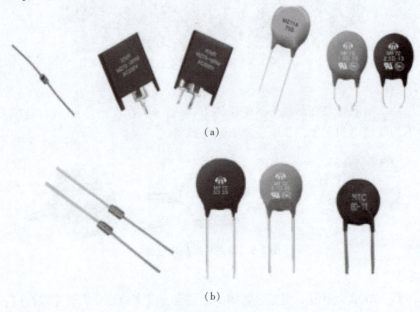

（a）

（b）

**图 2.11　热敏电阻**

（a）正温度系数热敏电阻；（b）负温度系数热敏电阻

2）光敏电阻

光敏电阻又称光感电阻，是利用半导体的光电效应制成的一种电阻值随入射光的强弱而改变的电阻。当入射光强时，电阻值减小；当入射光弱时，电阻值增大。常见的光敏电阻如图 2.12 所示。

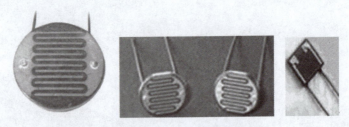

**图 2.12　常见的光敏电阻**

3）压敏电阻

压敏电阻是利用半导体材料的非线性制成的一种特殊电阻，是一种在某一特定电压范围内其电导值（电阻的倒数）随电压的增加而急剧增大的敏感元件。常见的压敏电阻如图 2.13 所示。

**图 2.13　常见的压敏电阻**

4）气敏电阻

气敏电阻的原理是利用气体的吸附，使半导体自身的电导率发生变化，将检测到的气体的成分和浓度转换为电信号。常见的气敏电阻如图 2.14 所示。

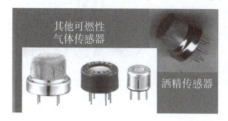

**图 2.14　常见的气敏电阻**

5）湿敏电阻

湿敏电阻的原理是利用湿敏材料吸收空气中的水分，导致自身电阻值发生变化。常见的湿敏电阻如图 2.15 所示。

**图 2.15　常见的湿敏电阻**

6）磁敏电阻

磁敏电阻是利用半导体的磁阻效应制成的电阻。常见的磁敏电阻如图 2.16 所示。

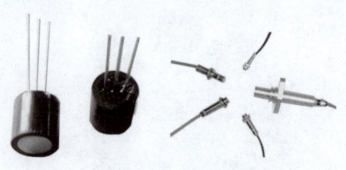

图 2.16　常见的磁敏电阻

7）保险电阻

保险电阻又称安全电阻或熔断电阻，是一种兼具电阻和熔断器双重作用的功能元件。常见的保险电阻如图 2.17 所示。

图 2.17　常见的保险电阻

8）力敏电阻

力敏电阻是一种阻值随所受的压力而变化的电阻，又称压电电阻。所谓压力电阻效应，是指半导体材料的电阻率随其所受的机械应力而变化。常见的力敏电阻如图 2.18 所示。

图 2.18　常见的力敏电阻

## 5. 电阻和电位器的型号命名方法

根据国家标准 GB/T 2470—1995 的规定，通孔式电阻或电位器的命名如图 2.19 所示。

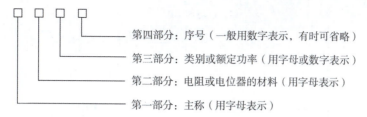

图 2.19　通孔式电阻或电位器的命名

示例如下。

（1）精密金属膜电阻的命名如图 2.20 所示。

图 2.20　精密金属膜电阻的命名

（2）多圈线绕电位器的命名如图 2.21 所示。

图 2.21　多圈线绕电位器的命名

## 6. 电阻值的表示方法

电阻值可以用直标法、色标法、文字符号法和数码标注法表示。

### 1）直标法

直标法就是将电阻的阻值用数字和文字符号直接标在电阻上，如图 2.22 所示。

图 2.22　直标法

直标电阻的命名如图 2.23 所示。

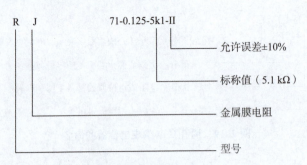

图 2.23　直标电阻的命名

2）色标法

色标法是将电阻的类别及主要技术参数用颜色（色环或色点）标注在电阻上。色标电阻（色环电阻）可用三环、四环、五环 3 种方法表示。

快速识别色标法的要点是熟记色环所代表的数字含义，为方便记忆，色环代表的数值顺口溜如下：1 棕 2 红 3 为橙，4 黄 5 绿在其中，6 蓝 7 紫随后到，8 灰 9 白黑为 0，尾环金银为误差，数字应为 5 和 10。

四环电阻的识读方法如图 2.24 所示。

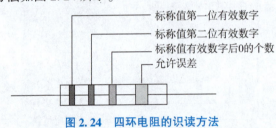

图 2.24　四环电阻的识读方法

五环电阻的识读方法如图 2.25 所示。

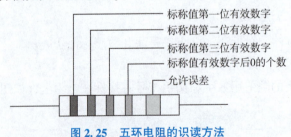

图 2.25　五环电阻的识读方法

正确识别第一环的方法如下。

（1）偏差（允许误差）环距其他环较远。

（2）偏差环较宽。

（3）第一环距端部较近。

（4）有效数字环无金、银色。

（5）偏差环无橙、黄色。

（6）试读。一般成品电阻的阻值不大于 22 MΩ，若试读大于 22 MΩ，则说明读反。

（7）试测。用上述方法还不能识别时，可进行试测，但前提是电阻必须完好。

（8）应注意的是，有些厂家不严格按第（1）～（3）条生产，以上各条应综合考虑。

3）文字符号法

文字符号法就是将电阻的标称值和误差用数字和文字符号按一定的规律组合标识在电阻上，如图 2.26 所示。

图 2.26　文字符号法

电阻文字符号的含义如图 2.27 所示。

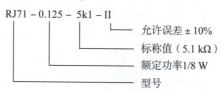

图 2.27　电阻文字符号的含义

4）数码标注法

数码标注法是在电阻体的表面用 3 位数字、两位数字加 R、4 位数字来表示标称值的方法，该方法常用于贴片电阻、排阻等。

（1）3 位数字标注法。

3 位数字标注的含义如图 2.28 所示，标注为"103"的电阻，其阻值为 $10 \times 10^3 = 10$ kΩ。

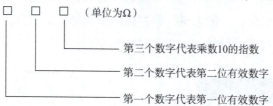

图 2.28　3 位数字标注的含义

（2）两位数字后加 R 标注法。

两位数字后加 R 标注的含义如图 2.29 所示，标注为"51R"的电阻，其阻值为 51 Ω。

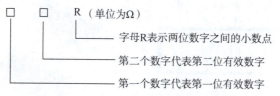

图 2.29　两位数字后加 R 标注的含义

（3）两位数字中间加 R 标注法。

两位数字中间加 R 标注的含义如图 2.30 所示，标注为"9R1"的电阻，其阻值为 9.1 Ω。

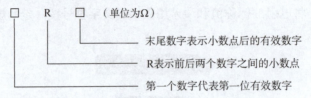

$\square$    R    $\square$   （单位为 Ω）

末尾数字表示小数点后的有效数字

R 表示前后两个数字之间的小数点

第一个数字代表第一位有效数字

**图 2.30　两位数字中间加 R 标注的含义**

（4）4 位数字标注法。

4 位数字标注的含义如图 2.31 所示，标注为"5232"的电阻，其阻值为 $523 \times 10^2 = 52.3$ kΩ。

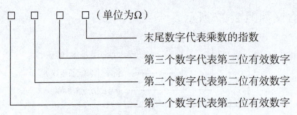

$\square$   $\square$   $\square$   $\square$  （单位为 Ω）

末尾数字代表乘数的指数

第三个数字代表第三位有效数字

第二个数字代表第二位有效数字

第一个数字代表第一位有效数字

**图 2.31　4 位数字标注的含义**

5）允许误差等级

实测值与标称值的误差范围根据不同精度等级可为 ±20%、±10%、±5%、±2%、±1%，精密电位器的精度可达 ±0.1%。

### 7. 排阻的识别

排阻是由若干个参数完全相同的电阻组成的。通孔式排阻的一个引脚连到一起，作为公共引脚，其他引脚正常引出。一般来说，最左边的引脚是公共引脚，在排阻上一般用一个色点标出来。排阻的外形及图形符号如图 2.32 所示。

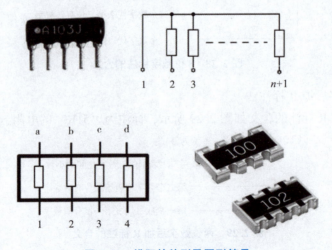

**图 2.32　排阻的外形及图形符号**

排阻的阻值的表示方法与电阻的数码表示法一样，第一位和第二位表示有效数字，第三位是乘数 10 的指数。例如，标注为"A103J"的排阻，其阻值为 $10\times10^3 = 10$ kΩ；标注为"102"的排阻，其阻值为 $10\times10^2 = 1$ kΩ；标注为"R153"的排阻，其阻值为 $15\times10^3 = 15$ kΩ。

## 1.2　电阻的检测

### 1. 普通电阻的检测

普通情况下，用数字万用表测量电阻的阻值结果更准确。将黑表笔插入"COM"孔，红表笔插入"VΩ"孔。将数字万用表转至相应的电阻挡上，打开电源开关（电源开关调至"ON"位置），再将两表笔跨接在被测电阻的两个引脚上，显示屏上即可显示出被测电阻的阻值。用数字万用表检测电阻的方法如图 2.33 所示。

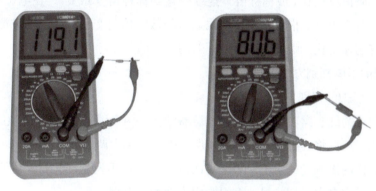

**图 2.33　用数字万用表检测电阻的方法**

注意：在检测电阻时，由于人体是具有一定阻值的导电电阻，所以手不要同时触及电阻两端引脚，以免在被测电阻上并联人体电阻，造成测量误差。电阻检测的错误方法如图 2.34 所示。

**图 2.34　电阻检测的错误方法**

用数字万用表测量电阻时一般无须调零，可直接测量。若电阻值超过所选挡位值，则显示屏的左端会显示"1."，这时应将转换开关转至较高挡位上。当测量电阻值超过 1 MΩ 时，显示屏显示的读数需几秒钟才会稳定，这是用数字万用表测量时出现的正常现象，这种现象在测量大电阻值时经常出现。当输入端开路时，数字万用表则显示过载情形。另外，测量在线电阻时，要确认被测电路所有电源已关闭且所有电容都已完全放电后才可进行。

### 2. 可变电阻的检测

**1）测量电位器的标称值及变化值**

测量电位器前，先进行外观观察。电位器的标称值是它的最大电阻值。用指针万用表测量电位器时，应先根据被测电位器的标称值的大小，选择万用表的合适欧姆挡位。测量时，将万用表的红、黑表笔分别接在定触点引脚（即两边引脚）上，此时万用表的读数应为电位器的标称值。若万用表的读数与标称值相差较大，则表明该电位器已损坏。

当电位器的标称值正常时，再测量其变化阻值及活动触点与电阻体（定触点）接触是否良好。此时用万用表的一支表笔接在动触点引脚（通常为中间引脚），另一支表笔接在定触点引脚（两边引脚）。

接好表笔后，万用表应显示为 0 或为标称值，再将电位器的轴柄从一个极端位置转至另一个极端位置，阻值应从 0（或标称值）连续变化到标称值（或 0）。在电位器的轴柄转动或滑动过程中，若万用表的指针平稳转动或显示的数字均匀变化，则说明被测电位器良好；若万用表阻值有明显变化，则说明被测电位器的活动触点接触不良。

**2）电位器的引脚判别方法**

（1）动触点引脚的判别方法。

首先将万用表的红、黑表笔分别接在电位器的任意两个引脚上，再调节电位器轴柄，观察阻值是否变化。然后将其中一支表笔更换所接引脚，再次调节电位器的轴柄，同时观察阻值是否变化。对比两次测量的阻值，当某一次测量的阻值不发生变化时，说明万用表的红、黑表笔所接引脚是定触点引脚，另一个引脚则为动触点引脚。

（2）定触点引脚的判别方法。

首先将万用表的红、黑表笔分别接在电位器的动触点引脚和某一定触点引脚，再将电位器的轴柄沿逆时针方向旋转到底，观察阻值的变化情况。然后将接定触点引脚的表笔换接另一定触点引脚，再次将电位器的轴柄沿逆时针方向旋转到底，同时观察阻值是否变化。在两次测量中，若测量的电位器动触点引脚与某一定触点引脚之间的阻值为 0，则说明此引脚为接地的定触点引脚。

**3）检测外壳与引脚的绝缘情况**

将万用表调至最大欧姆挡，一支表笔接电位器的外壳，另一支表笔逐个接触电位器引脚测量其阻值，阻值应为无穷大。

**4）检查带开关电位器的开关是否良好**

带开关电位器的开关在检查前，应旋动或推拉电位器轴柄，随着开关的断开和接通，应有良好的手感，同时可听到开关触点弹动发出的响声。用指针万用表测量带开关电位器的方法如图 2.35 所示。

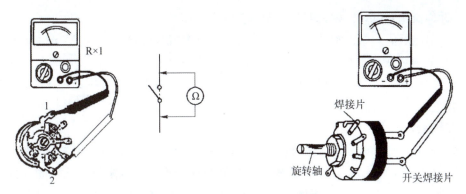

1—电位器开关断开；2—电位器开关接通。

**图2.35　用指针万用表测量带开关电位器的方法**

### 3. 特殊电阻的检测

1）热敏电阻的检测

热敏电阻分为负温度系数（NTC）热敏电阻和正温度系数（PTC）热敏电阻。

（1）负温度系数热敏电阻的检测。

检测负温度系数热敏电阻时需分两步进行：第一步检测常温电阻值，第二步检测温变时（升温或降温）的电阻值。其具体检测方法与步骤如下。

①将万用表置于合适的欧姆挡（根据标称值确定挡位），用两表笔分别接触负温度系数热敏电阻的两引脚，测出实测值，并与标称值相比较，若两者相差过大，则说明所测负温度系数热敏电阻的性能不良或已损坏。

②在常温电阻值测试正常的基础上，即可进行升温或降温检测。加热后负温度系数热敏电阻的阻值减小，说明其是好的。用万用表在常温下检测负温度系数热敏电阻的方法如图2.36（a）所示，升温后检测负温度系数热敏电阻的方法如图2.36（b）所示。

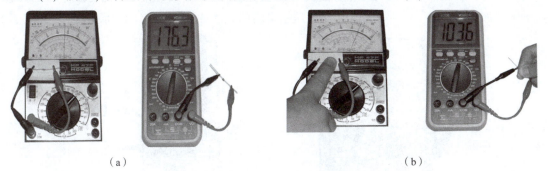

（a）　　　　　　　　　　　　　　　　　　（b）

**图2.36　用万用表检测负温度系数热敏电阻**

（a）常温下检测；（b）升温后检测

（2）正温度系数热敏电阻的检测。

检测正温度系数热敏电阻时也需分两步进行：第一步检测常温电阻值，第二步检测温变时（升温或降温）的电阻值。

①常温下检测就是在室内温度接近25℃时进行检测，具体做法是将万用表两表笔接触正温度系数热敏电阻的两引脚，测出实测值，并与标称值相比较，两者相差不大即正常。实

测值若与标称值相差过大，则说明其性能不良或已损坏。

②在常温电阻值测试正常的基础上，即可进行升温或降温检测，升温检测的具体方法是用一热源（如电烙铁）加热正温度系数热敏电阻，同时用万用表检测其电阻值是否随温度的升高而增大。若是，则说明热敏电阻正常；若升温后阻值无变化，则说明其性能不佳，不能再继续使用。

2）光敏电阻的检测

检测光敏电阻时，需分两步进行：第一步检测有光照时的电阻值，第二步检测无光照时的电阻值。两者相比有较大差别：通常光敏电阻在有光照时的电阻值为几千欧（此值越小说明光敏电阻的性能越好）；无光照时的电阻值大于 1 500 kΩ，甚至无穷大（此值越大说明光敏电阻的性能越好）。用万用表在有光照时检测光敏电阻的方法如图 2.37（a）所示，无光照时检测光敏电阻的方法如图 2.37（b）所示。

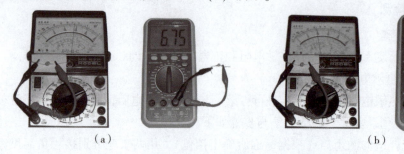

**图 2.37　用万用表检测光敏电阻的方法**
（a）有光照时的检测；（b）无光照时的检测

3）压敏电阻的检测

检测压敏电阻时，将万用表调至最大欧姆挡位。常温下检测压敏电阻的两引脚间的阻值应为无穷大，若阻值为 0 或有阻值，则说明其已被击穿损坏。用万用表检测已损坏的压敏电阻的方法如图 2.38（a）所示，检测正常压敏电阻的方法如图 2.38（b）所示。

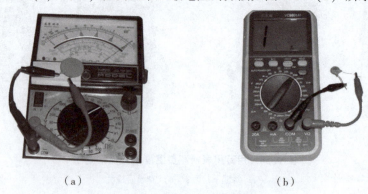

**图 2.38　用万用表检测压敏电阻的方法**
（a）压敏电阻已损坏；（b）压敏电阻正常

4）湿敏电阻的检测

用万用表检测湿敏电阻时，应先将万用表置于欧姆挡（具体挡位根据湿敏电阻阻值的大小确定），再用蘸了水的棉签放在湿敏电阻上，若万用表显示的阻值在数分钟后有明显变化（依湿度特性不同而变大或减小），则说明所测湿敏电阻良好。用数字万用表检测湿敏电阻的方法如图 2.39 所示。

**图 2.39　用数字万用表检测湿敏电阻的方法**

5）气敏电阻的检测

检测气敏电阻时，应首先判断哪两个引脚为加热极，哪两个引脚为阻值敏感极。因为气敏电阻加热极引脚之间的阻值较小，所以应将万用表置于最小欧姆挡。将万用表两表笔任意分别接气敏电阻的两个引脚测其阻值，若两个引脚之间的阻值较小，一般为 30~40 Ω，则这两个引脚为加热极，剩下的引脚为阻值敏感极。

接下来应检测气敏电阻是否损坏。将指针万用表置于"R×1k"挡或将数字万用表置于"20k"挡，红、黑表笔分别接气敏电阻的阻值敏感极。气敏电阻的加热极接一限流电阻并与电源相连，对气敏电阻加热，观察指针万用表的阻值变化。在清洁空气中接通电源时，指针万用表显示阻值刚开始先变小，随后逐渐变大，几分钟后趋于稳定。若测得气敏电阻的阻值为 0、无穷大或测量过程中阻值不变，则说明气敏电阻已损坏。在清洁空气中检测，待气敏电阻的阻值稳定后，将其置于液化气灶上（打开液化气瓶，释放液化气，不点火），观察指针万用表的阻值变化。若测得阻值明显减小，则说明所测气敏电阻为 N 型；若测得阻值明显增大，则说明所测气敏电阻为 P 型；若测得阻值变化不明显或阻值不变，则说明气敏电阻的灵敏度差或已损坏。

6）保险电阻的检测

保险电阻的检测方法与普通电阻的检测方法一样。若测出保险电阻的阻值远大于它的标称值，则说明被测保险电阻已损坏。对于熔断后的保险电阻，所测阻值应为无穷大。

7）磁敏电阻的检测

用万用表检测磁敏电阻只能粗略检测其好坏，不能准确测出其阻值。检测时，将指针万用表置于"R×1"挡，数字万用表置于"200"挡，两表笔分别与磁敏电阻的两引脚相接，测量其阻值。当磁敏电阻旁边无磁场时，阻值应较小，此时若将一磁铁靠近磁敏电阻，万用表显示的阻值会有明显变化，则说明磁敏电阻正常；若万用表显示的阻值无变化，则说明磁敏电阻已损坏。

8）力敏电阻的检测

检测力敏电阻时，将指针万用表置于"R×10"挡，数字万用表置于"200"挡，两表笔分别与力敏电阻的两引脚相接，测其阻值。对力敏电阻未施加压力时，万用表显示的阻值应与标称值一致或接近，否则说明力敏电阻已损坏。对力敏电阻施加压力时，万用表显示的阻值将随外加压力大小变化。若万用表显示的阻值无变化，则说明力敏电阻已损坏。

9）排阻的检测

根据排阻的标称值大小选择合适的万用表欧姆挡位（指针万用表注意调零），将两表笔（不分正负）分别与排阻的公共引脚和另一引脚相接，即可测出实际电阻值。通过万用表测量，就会发现所有引脚对公共引脚的阻值均是标称值，除公共引脚外，其他任意两引脚之间的阻值是标称值的两倍。用指针万用表测量排阻的方法如图2.40所示。

图 2.40　用指针万用表测量排阻的方法

**请完成学生工单 4**

# 任务 2　电容的识别与检测

## 2.1　电容的识别

### 1. 电容的作用

（1）耦合电容：用在耦合电路中的电容。在阻容耦合放大器和其他电容耦合电路中大量使用这种电容电路，起"隔直流，通交流"的作用。

（2）滤波电容：用在滤波电路中的电容。在电源滤波和各种滤波器电路中使用这种电容电路，滤波电容可以将一定频段内的信号从总信号中去除。

（3）退耦电容：用在退耦电路中的电容。在多级放大器的直流电压供给电路中使用这种电容电路，退耦电容可以消除每级放大器之间的有害低频交连。

（4）高频消振电容：用在高频消振电路中的电容。在音频负反馈放大器中，为了消除可能出现的高频自激而采用这种电容电路，可以消除放大器可能出现的高频啸叫。

（5）谐振电容：用在 LC 谐振电路中的电容。LC 并联和 LC 串联谐振电路中均使用这种电容电路。

（6）旁路电容：用在旁路电路中的电容。电路中如果需要从信号中去掉某一频段的信号，可以使用旁路电容电路，根据所去掉信号频率的不同，有全频域（所有交流信号）旁路电容电路和高频旁路电容电路。

（7）中和电容：用在中和电路中的电容。在收音机高频和中频放大器、电视机高频放大器中采用这种电容电路，以消除自激。

（8）定时电容：用在定时电路中的电容。在需要通过电容充电、放电进行时间控制的电路中使用这种电容电路，起控制时间常数的作用。

（9）积分电容：用在积分电路中的电容。积分电容通常在电路中用来进行波形变换，或者应用于峰值检波器中，或者用于峰值保持电路中。

（10）微分电容：用在微分电路中的电容。在触发器电路中，为了得到尖顶脉冲触发信号，采用这种电容电路，以从各类信号（主要是矩形脉冲）中得到尖顶脉冲触发信号。

（11）补偿电容：用在补偿电路中的电容。在卡座的低音补偿电路中使用这种电容电路，以提升放音信号中的低频信号，此外，还有高频补偿电容电路。

（12）自举电容：用在自举电路中的电容。常用的 OTL 功率放大器输出级电路采用这种电容电路，以通过正反馈的方式少量提升信号的正半周幅度。

（13）分频电容：用在分频电路中的电容。在音箱的扬声器分频电路中使用这种电容电路，以使高频扬声器工作在高频段，中频扬声器工作在中频段，低频扬声器工作在低频段。

### 2. 电容的分类

（1）电容按结构可分为固定电容、可变电容和微调电容。

（2）电容按电解质的不同可分为气体介质电容、纸介电容、有机薄膜电容、瓷介电容、云母电容、玻璃釉电容、电解电容、钽电容等。

（3）电容按用途的不同分为高频旁路电容、低频旁路电容、滤波电容、调谐电容、高频耦合电容、低频耦合电容、小型电容。

（4）电容还可分为有极性电容和无极性电容。

### 3. 电容的命名方法及图形符号

根据国标 GB/T 2470—1995 的规定，电容的产品型号一般由 4 个部分组成，分别是材质、型号、标称容量和误差。

例如，某电容的标号为"CJX-250-0.33-±10%"，则其含义如下。

C——主称（电容）；J——材料（金属化介质）；X——特征（小型）；250——耐压（250 V）；0.33——标称容量（0.33 μF）；±10%——允许误差±10%。

### 4. 电容的表示方法

电容可以用直标法、数码标注法和色标法表示。

1）直标法

电解电容或体积较大的无极性电容上常常直接标注其容量、额定电压及允许误差。电容的直标法如图 2.41 所示。

**图 2.41　电容的直标法**

体积较小的无极性电容可直接标注标称容量、额定电压及允许误差。

简略方式（不标注容量单位）：9 999 ≥ 有效数字 ≥ 1 时，容量单位为 pF；有效数字 < 1 时，容量单位为 μF。

例如，1.2、10、100、1 000、3 300、6 800 等容量单位均为 pF；0.22、0.47、0.01、0.022、0.047 等容量单位均为 μF。

允许误差如下。

（1）普通电容：±5%（Ⅰ，J）、±10%（Ⅱ，k）、±20%（Ⅲ，M）。

（2）精密电容：±2%（G）、±1%（F）、±0.5%（D）、±0.25%（C）、±0.1%（B）、±0.05%（W）。

额定电压通常有 6.3 V、10 V、16 V、25 V、32 V、50 V、63 V、100 V、160 V、250 V、400 V、450 V、500 V、630 V、1 000 V、1 200 V、1 500 V、1 600 V、1 800 V、2 000 V 等。

2）数码标注法

数码标注法一般用 3 位数字表示电容的容量，单位为 pF。前两位数字为电容容量的有效数字，第三位为倍乘数，当该倍乘数是 9 时表示 $\times 10^{-1}$。电容的数码标注法如图 2.42 所示。

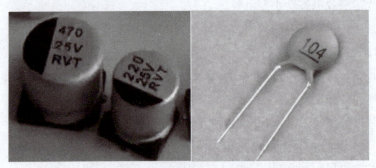

**图 2.42　电容的数码标注法**

例如，"101"表示 $10×10^1 = 100$ pF；

"102"表示 $10×10^2 = 1\ 000$ pF；

"103"表示 $10×10^3 = 0.01$ μF；

"104"表示 $10×10^4 = 0.1$ μF；

"223"表示 $22×10^3 = 0.022$ μF；

"474"表示 $47×10^4 = 0.47$ μF；

"159"表示 $15×10^{-1} = 1.5$ pF。

3）色标法

色标法是指在电容上标注色环或色点来表示电容容量及允许误差，如图 2.43 所示。色标法可分为四环色标法、五环色标法。

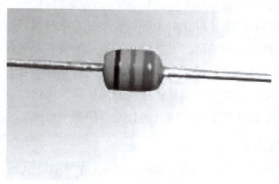

**图 2.43 电容的色标法**

（1）四环色标法。第一、二环表示有效数字，第三环表示倍乘数，第四环表示允许误差（普通电容）。

（2）五环色标法。第一、二、三环表示有效数字，第四环表示倍乘数，第五环表示允许误差（精密电容）。

例如，"棕、黑、橙、金"的电容的容量为 0.01 μF，允许误差为±5%；

"棕、黑、黑、红、棕"的电容的容量为 0.01 μF，允许误差为±1%。

## 2.2 电容的检测

### 1. 漏电电阻的检测

（1）用指针万用表的欧姆挡（"R×10k"或"R×1k"挡，视电容的容量而定）检测电容容量，当两表笔分别接电容的两引脚时，指针首先朝顺时针方向（向右）摆动，然后又慢慢地向左回归至"∞"位置附近，此过程为电容的充电过程。

（2）当指针静止时，所指的电阻值就是该电容的漏电电阻。在测量过程中，若指针距"∞"位置较远，则表明电容漏电严重，不能使用。有的电容在测量漏电电阻时，指针退回到"∞"位置时又顺时针摆动，这表明电容漏电更严重。一般要求电容的漏电电阻大于 500 kΩ，否则不能使用。

（3）对于容量小于 5 000 pF 的电容，指针万用表不能测量它的漏电电阻。

### 2. 电容的断路（开路）、击穿（短路）检测

用指针万用表的"R×10k"挡检测容量为 6 800 pF~1 mF 的电容，红、黑表笔分别接电容的两个引脚，在表笔接通的瞬间，应能见到指针有一个很小的摆动过程。

如果未看清指针的摆动，可将红、黑表笔互换一次后再测量，此时指针的摆动幅度应略大一些。若在上述检测过程中指针无摆动，则说明电容已断路。

若指针向右摆动一个很大的角度后停在那里不动（即没有回归现象），则说明电容已被击穿或严重漏电。

需要注意的是，在检测时，手指不要同时碰到两支表笔，以免人体电阻对检测结果产生影响。同时，检测大电容（如电解电容）时，由于其容量大，充电时间长，所以要根据电容容量的大小适当选择量程，容量越小则量程越小，否则就会把电容的充电误认为击穿。

检测容量小于 6 800 pF 的电容时，由于容量太小，充电时间很短，充电电流很小，用指针万用表检测时无法看到指针的偏转，所以此时只能检测电容是否存在漏电故障而不能判断它是否开路，即在检测这类小电容时，指针应不偏转，若指针偏转了一个较大的角度，则说明电容漏电或被击穿。关于这类小电容是否存在开路故障，用这种方法是无法检测到的，可采用代替检查法，或者用具有测量电容功能的数字万用表来检测。

### 3. 电解电容极性的判断

用万用表（指针或数字万用表均可）测量电解电容的漏电电阻，并记下这个阻值的大小，然后将红、黑表笔对调再测量该电容的漏电电阻，将两次所测得的阻值进行对比，漏电电阻较小的那一次，黑表笔所接的是电解电容的负极。

### 4. 用万用表判断电容的好坏

绝缘电阻的高低是判断电容好坏的重要标志，用指针万用表能够检查出绝缘电阻的高低，当指针万用表的红、黑表笔第一次接电容两极时，因为电容充电，指针必然发生冲击，当拿开试棒后，经过 5 s 再检测一次。若指针无明显的冲击，则说明由于电路本身绝缘电阻高，其剩余电荷只漏去一点，所以这种电容是好的；若指针仍然发生冲击，则说明 5 s 前充的电已经漏去，电容已经被破坏。

**请完成学生工单 5**

# 任务 3  电感的识别与检测

## 3.1  电感的识别

### 1. 电感的作用

电感具有储存磁场能量的作用，在电路中与电容构成 LC 滤波器或谐振电路，它在调谐、振荡、耦合、匹配、滤波、陷波、延迟、补偿及偏转等电路中都是必不可少的。

电感具有以下几个作用。

（1）作为滤波线圈阻止交流干扰（隔交通直）。

（2）可起隔离作用。

（3）与电容组成谐振电路。

（4）构成各种滤波器、选频电路等，它们在实际电路中应用较多。

（5）利用电磁感应特性制成磁性元件，如磁头和电磁铁。

（6）进行阻抗匹配。

（7）制成变压器来传递交流信号，并实现电压的升、降。

电感在电路中具有"通直流，阻交流""通低频，阻高频""变压，传送信号"等作用，因此在谐振、耦合、滤波、陷波、延迟、补偿及电子偏转聚焦等电路中应用十分普遍。

### 2. 电感的分类及图形符号

按使用特征，电感可分为固定电感、可调电感。按线圈内部填充材料的不同，电感可分为空心线圈、铁芯线圈、磁芯线圈。按用途的不同，电感可分为普通电感和专用电感。普通电感可分为立式、卧式、片状、印制等，一般用于家用电器、无线电通信设备中。专用电感种类繁多，一般用于电视接收机中。

1）磁环（实心电感）

实心电感如图 2.44 所示。

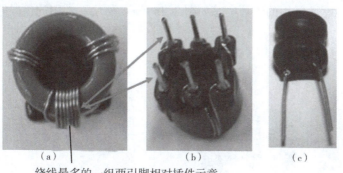

绕线最多的一组两引脚相对插件示意

**图 2.44 实心电感**

（a）顶部示意；（b）底部示意；（c）圆柱形电感

实心电感的特性："通低频，阻高频"，插件时方向有区分。

实心电感的图形符号如图 2.45 所示。

**图 2.45 实心电感的图形符号**

2）空心电感

空心电感如图 2.46 所示。

**图 2.46　空心电感**

空心电感的特性："通直流，阻交流"，无极性之分。

空心电感的图形符号如图 2.47 所示。

**图 2.47　空心电感的图形符号**

3）色环电感和色码电感

色环电感是一种带磁芯的小型固定电感，其电感量的表示方法与色环电阻一样，是以色环或色点表示的。有些固定电感没有采用色环法，而是直接将电感量标在电感壳体上，习惯上也称其为色码电感。常用的色环电感如图 2.48（a）所示，常用的色码电感如图2.48（b）所示。

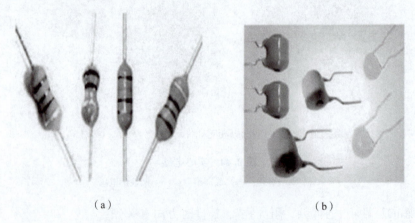

（a）　　　　　　　　　　　　　　　　（b）

**图 2.48　色环电感和色码电感**

（a）色环电感；（b）色码电感

色环电感和色码电感的图形符号如图 2.49 所示。

**图 2.49　色环电感和色码电感的图形符号**

4）扼流电感（实心电感）

扼流电感（实心电感）直标法如图 2.50 所示。

图 2.50　扼流电感直标法

特性：在电路中起控制电流的作用，插件时方向有区分。

扼流电感的图形符号如图 2.51 所示。

图 2.51　扼流电感的图形符号

5）滤波器（实心电感）

滤波器如图 2.52 所示。

图 2.52　滤波器

特性："通低频，阻高频"，插件按电路图骨架方向。

滤波器的图形符号如图 2.53 所示。

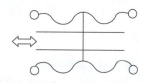

图 2.53　滤波器的图形符号

6）其他电感

除前面介绍的几种电感外，还有工字电感、空心电感线圈、贴片绕线电感、磁棒绕线电感、模压可调电感、磁环电感等，如图 2.54 所示。

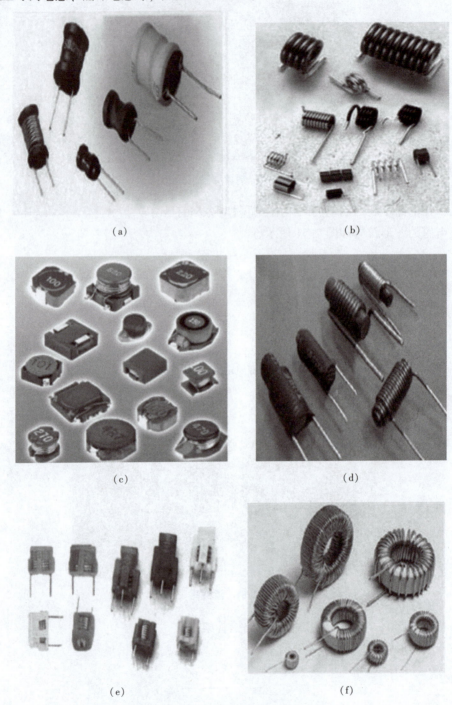

（a）　　　　　　　　　　　　（b）

（c）　　　　　　　　　　　　（d）

（e）　　　　　　　　　　　　（f）

**图 2.54　其他类型电感**

（a）工字电感；（b）空心电感线圈；（c）贴片绕线电感；（d）磁棒绕线电感；（e）模压可调电感；（f）磁环电感

### 3. 电感的表示方法

电感的表示方法一般有直标法、文字符号法、色标法、数码标注法，其在电路中常用"L"加数字表示。例如，"L6"表示编号为6的电感。

1）直标法

直标法是将电感的标称值用数字和文字符号直接标在其壳体上，在电感量的单位后面用一个英文字母表示其允许误差。例如，"560μHK"表示标称值为560 μH，允许误差为±10%，如图2.55所示。

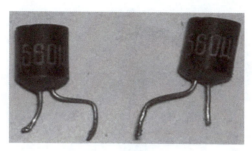

图 2.55　电感的直标法

电感的允许误差如表2.1所示。

表 2.1　电感的允许误差

| 英文字母 | 允许误差/% |
|---|---|
| Y | ±0.001 |
| X | ±0.002 |
| E | ±0.005 |
| L | ±0.01 |
| P | ±0.02 |
| W | ±0.05 |
| B | ±0.1 |
| C | ±0.25 |
| D | ±0.5 |
| F | ±1 |
| G | ±2 |
| J | ±5 |
| K | ±10 |
| M | ±20 |
| N | ±30 |

2）文字符号法

文字符号法是将电感的标称值和允许误差用数字和文字符号，按一定的规律组合标志在电感壳体上。这种方法通常用于一些小功率电感，其单位通常为 nH 或 μH，用 N 或 R 代表小数点。例如，"4N7"表示电感量为 4.7 nH，"4R7"表示电感量为 4.7 μH，"47N"表示电感量为 47 nH，"6R8"表示电感量为 6.8 μH。采用这种表示方法的电感通常后缀一个英文字母表示允许误差，各字母代表的允许误差与直标法相同。电感的文字符号法如图 2.56 所示。

**图 2.56　电感的文字符号法**

3）色标法

色标法是指在电感表面涂上不同的色环来代表电感量（与电阻类似），通常用四色环表示。紧靠电感壳体一端的色环为第一环，露出电感壳体本色较多的另一端为末环。通常第一环是十位数，第二环为个位数，第三环为倍乘数（单位为 μH），第四环为允许误差。色环电感的识别如表 2.2 所示。例如，色环颜色分别为"棕、黑、金、金"的电感的电感量为 1 μH，允许误差为 5%。色环电感的识读方法如图 2.57 所示。

**表 2.2　色环电感的识别**

| 颜色 | 第一环 | 第二环 | 第三环 | 第四环 |
| --- | --- | --- | --- | --- |
| 黑 | 0 | 0 | 1 | ±20% |
| 棕 | 1 | 1 | 10 | ±1% |
| 红 | 2 | 2 | 100 | ±2% |
| 橙 | 3 | 3 | 1 000 | ±3% |
| 黄 | 4 | 4 | 10 000 | ±4% |
| 绿 | 5 | 5 | 100 000 | — |
| 蓝 | 6 | 6 | 1 000 000 | — |
| 紫 | 7 | 7 | 10 000 000 | — |
| 灰 | 8 | 8 | 100 000 000 | — |
| 白 | 9 | 9 | 1 000 000 000 | — |
| 金 | — | — | 0.1 | ±5% |
| 银 | — | — | 0.01 | ±10% |

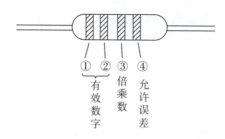

**图 2.57　色环电感的识读方法**

4）数码标注法

数码标注法是用 3 位数字来表示电感的电感量的标称值，该方法常用于贴片电感器。在 3 位数字中，从左至右的第一位、第二位为有效数字，第三位表示有效数字后面所加 "0" 的个数（单位为 μH）。若电感量中有小数点，则用 "R" 表示，并占一位有效数字。电感量单位后面用一个英文字母表示其允许误差，各字母代表的允许误差见表 2.1。例如，"102J" 表示电感量为 $10 \times 10^2 = 1\ 000$ μH，允许误差为 ±5%；"183K" 表示电感量为 $18 \times 10^3 = 18$ mH，允许误差为 ±10%。需要注意的是，要将这种方法与传统的方法区分开，例如，"470" 或 "47" 表示电感量为 47 μH，而不是 470 μH。电感的数码标注法如图 2.58 所示。

**图 2.58　电感的数码标注法**

## 3.2　电感的检测

普通的指针万用表不具备专门测试电感的挡位，我们使用这种万用表只能大致测量电感的好坏：用指针万用表的 "R×10k" 挡测量电感的阻值，若其电阻值极小（一般为 0），则说明电感基本正常；若测量电阻为 ∞，则说明电感已经开路损坏。对于具有金属外壳的电感（如中周电感），若检测到振荡线圈的外壳（屏蔽罩）与各引脚之间的阻值不是无穷大，而是有一定大小的电阻值或为 0，则说明该电感存在问题。

需要说明的是，在检测电感时，数字万用表的量程选择很重要，最好选择接近标称值的量程去测量，否则测试的结果将会与实际值有很大的误差。

由于电感属于非标准件，不像电阻那样可以方便地进行检测，且有些电感壳体上没有任何标注，所以一般要借助图纸上的参数标注来识别其电感量。在维修时，一定要用与原来相同规格、参数相近的电感进行替换。

**请完成学生工单6**

# 任务4　二极管的识别与检测

## 4.1　二极管的识别

### 1. 二极管的作用

二极管是一种只允许电流由单一方向流过且具有两个电极的装置。在大多数场景下，使用的是其整流功能。

### 2. 二极管的分类

（1）按照所用的半导体材料的不同，二极管可分为锗二极管（锗管）和硅二极管（硅管）。

（2）按照用途的不同，二极管可分为整流二极管、检波二极管、开关二极管、稳压二极管、变容二极管、瞬态电压抑制二极管、发光二极管、肖特基二极管等。

①整流二极管。将交流电转变为直流电的二极管被称为整流二极管。

②检波二极管。检波二极管是用于把叠加在高频载波上的低频信号检出来的器件，它具有较高的检波效率和良好的频率特性。

③开关二极管。在脉冲数字电路中，用于接通和关断电路的二极管被称为开关二极管，它的特点是反向恢复时间短，能满足高频和超高频应用的需要。

④稳压二极管。稳压二极管是由硅材料制成的面接触型二极管，它利用PN结反向击穿时的电压基本不随电流变化的特点来达到稳压的目的。因为它能在电路中起稳压作用，故称为稳压二极管（简称稳压管）。

⑤变容二极管。变容二极管是利用PN结的电容随外加偏压而变化的特性制成的非线性电容元件，被广泛用于参量放大器、电子调谐及倍频器等微波电路中。

⑥瞬态电压抑制（Transient Voltage Suppressor，TVS）二极管。这是一种固态二极管，专门用于静电释放（Electro-Static Dischange，ESD）保护。TVS二极管是和被保护电路并联的，当瞬态电压超过电路的正常工作电压时，二极管发生"雪崩"，为瞬态电流提供通路，使内部电路免遭超额电压击穿。

⑦发光二极管。发光二极管用磷化镓、磷砷化镓材料制成，体积小，正向驱动发光。其工作电压低，工作电流小，发光均匀，寿命长，可发红、黄、绿单色光。

⑧肖特基二极管。肖特基二极管的基本原理是在金属（如铅）和半导体（N型硅片）的接触面上，用已形成的肖特基来阻挡反向电压。肖特基与PN结的整流作用原理有根本性的差异，其耐压程度只有40 V，其特点是开关速度非常快，反向恢复时间特别短。因此，

肖特基二极管能制作开关二极管和低压大电流整流二极管。

（3）按照管芯结构的不同，二极管又可分为点接触型二极管、面接触型二极管及平面型二极管。

### 3. 二极管的图形符号及外形

1）整流二极管

整流二极管是一种能够将交流电转变为直流电的半导体器件。整流二极管的图形符号及外形如图 2.59 所示。

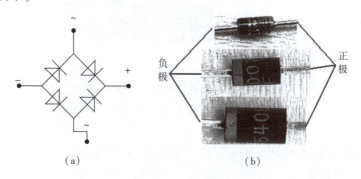

（a）　　　　　　　　　　　（b）

**图 2.59　整流二极管的图形符号及外形**

（a）整流二极管的图形符号；（b）整流二极管的外形

2）开关二极管

开关二极管的特点是导通时相当于开关闭合（电路接通），截止时相当于开关打开（电路切断），所以此二极管可用作开关，它由导通变为截止或由截止变为导通所需的时间比一般二极管短。

开关二极管具有开关速度快、体积小、寿命长、可靠性高等特点，广泛应用于电子设备的开关电路、检波电路、高频和脉冲整流电路及自动控制电路中。开关二极管的图形符号及外形如图 2.60 所示。

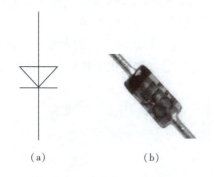

（a）　　　　　　　　（b）

**图 2.60　开关二极管的图形符号及外形**

（a）开关二极管的图形符号；（b）开关二极管的外形

3）光电二极管

光电二极管又称光敏二极管，它是利用 PN 结在施加反向电压时，在光线照射下反向电阻由大到小的原理进行工作的。无光照射时，二极管的反向电流很小；有光照射时，二极管的反向电流很大。光电二极管不是对所有的可见光及不可见光都有相同的反应，它是有特定的光谱范围的。2DU 是利用半导体硅材料制成的光电二极管，2AU 是利用半导体锗材料制成的光电二极管。光电二极管的图形符号及外形如图 2.61 所示。

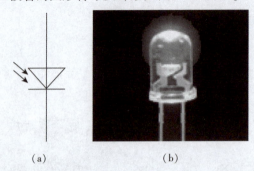

（a）                    （b）

**图 2.61　光电二极管的图形符号及外形**
（a）光电二极管的图形符号；（b）光电二极管的外形

4）稳压二极管

稳压二极管是利用 PN 结的反向击穿特性所表现出的稳压性能制成的器件。

稳压管的主要参数如下。

（1）稳压值 $U_Z$：当流过稳压二极管的电流为某一规定值时，稳压二极管两端的压降。目前各种型号的稳压二极管的稳压值为 2~200 V。

（2）温度系数：当 $U_Z$ 值小于 4 V 时，其温度系数为负值；当 $U_Z$ 值大于 7 V 时，其温度系数为正值；当 $U_Z$ 值为 6 V 左右时，其温度系数近似为 0。目前低温度系数的稳压二极管是由两只稳压二极管反向串联而成的，利用两只稳压二极管处于正、反向工作状态时具有正、负不同的温度系数，可得到很好的温度补偿。例如，2DW7 型稳压二极管是稳压值为±（6~7）V 的双向稳压二极管。

（3）动态电阻 $r_z$：表示稳压二极管稳压性能的优劣，一般工作电流越大，$r_z$ 值越小。

（4）允许功耗 $P_Z$：由稳压二极管允许达到的温升决定，小功率稳压二极管的 $P_Z$ 值为 100~1 000 mW，大功率稳压二极管的 $P_Z$ 值可达 50 W。

（5）稳定电流 $I_Z$：测试稳压二极管参数时所加的电流。实际流过稳压二极管的电流低于 $I_Z$ 时仍能稳压，但 $r_z$ 值较大。稳压二极管的图形符号及外形如图 2.62 所示。

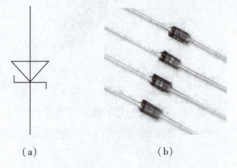

（a）                    （b）

**图 2.62　稳压二极管的图形符号及外形**
（a）稳压二极管的图形符号；（b）稳压二极管的外形

5）检波二极管

检波二极管利用二极管的单向导电性，将高频或中频无线电信号中的低频信号或音频信号取出来。其工作频率较高，处理信号幅度较弱，广泛应用于半导体收音机、收录机、电视机及通信等设备的小信号电路中。检波二极管要求结电容小、反向电流小，所以其常采用点接触型二极管。

常用的国产检波二极管有 2AP 系列锗玻璃封装二极管，其中的 2AP9J 型检波二极管的外形如图 2.63 所示。常用的进口检波二极管有 1N34/A、1N60 等，其中的肖特基锗检波二极管 1N60P 的外形如图 2.64 所示。

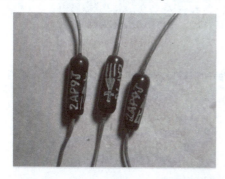

图 2.63　2AP9J 型检波二极管的外形　　　　图 2.64　肖特基锗检波二极管 1N60P 的外形

6）变容二极管

变容二极管是利用 PN 结的空间电荷层具有电容特性的原理制成的特殊二极管，它的特点是结电容随加到管子上的电容反向电压大小而变化。在一定范围内，电容反向电压越小，结电容越大；电容反向电压越大，结电容越小。人们利用变容二极管的这种特性来取代可变电容的功能。变容二极管多采用硅或砷化镓材料制成，采用陶瓷或环氧树脂封装。变容二极管多用于调谐电路和自动频率微调电路中。变容二极管的图形符号及外形如图 2.65 所示。

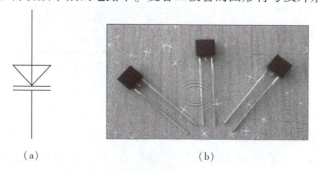

（a）　　　　　　　　　（b）

图 2.65　变容二极管的图形符号及外形

（a）变容二极管的图形符号；（b）变容二极管的外形

7）发光二极管

发光二极管简称 LED，它是半导体二极管的一种，可以把电能转化成光能。发光二极管与普通二极管一样，由一个 PN 结组成，也具有单向导电性。当给发光二极管加上正向电压后，从 P 区注入 N 区的空穴和由 N 区注入 P 区的电子在 PN 结附近数微米内分别与 N 区的电子和 P 区的空穴复合，产生自发辐射的荧光。不同的半导体材料中电子和空穴所处的能量状态不同，当电子和空穴复合时，释放的能量不同，释放的能量越多，发出的光的波长越短。常用的发光二极管是发红光、绿光或黄光的二极管。发光二极管的图形符号及外形如图2.66所示。

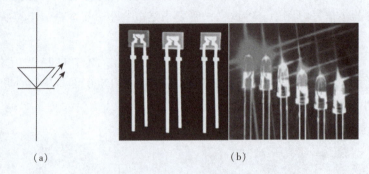

(a)                 (b)

**图2.66　发光二极管的图形符号及外形**

(a) 发光二极管的图形符号；(b) 发光二极管的外形

### 4. 二极管的表示方法

各国对二极管的命名规定不同，我国规定二极管的型号一般由5个部分组成，二极管的命名方式如表2.3所示。

**表2.3　二极管的命名方式**

| 第一部分 | | 第二部分 | | 第三部分 | | 第四部分 | 第五部分 |
|---|---|---|---|---|---|---|---|
| 用数字表示器件电极的数量 | | 用汉语拼音字母表示器件的材料和极性 | | 用汉语拼音字母表示器件的类型 | | 用数字表示序号 | 汉语拼音字母标示规格号 |
| 符号 | 含义 | 符号 | 含义 | 符号 | 含义 | | |
| 2 | 二极管 | A | N型，锗材料 | P | 普通二极管 | | |
| | | B | P型，锗材料 | W | 稳压二极管 | | |
| | | C | N型，硅材料 | Z | 整流二极管 | | |
| | | D | P型，硅材料 | K | 开关二极管 | | |

例如，"2AP9"中的"2"表示二极管；"A"表示N型，锗材料；"P"表示普通二极管；"9"表示序号。

二极管在电路中常用VD加数字表示。例如，"VD5"表示编号为5的二极管。

二极管的识别很简单，小功率二极管的负极通常在其管体用一个色环标出。有些二极管也采用符号"P""N"来确定其极性，其中"P"表示正极，"N"表示负极。金属封装二极管通常在其管体印有与极性一致的二极管符号。发光二极管则通常用引脚长短来识别正、负极，长脚为正，短脚为负。

整流桥的表面通常标注内部电路结构或交流输入端及直流输出端的名称：交流输入端通常用"AC"或"~"表示；直流输出端通常用"DC"或"~"表示。

贴片二极管由于外形多种多样，其极性也有多种表示方法：在有引线的贴片二极管中，管体有白色色环的一端为负极；在有引线而无色环的贴片二极管中，引线较长的一端为正极；在无引线的贴片二极管中，管体有色带或缺口的一端为负极。

## 4.2　二极管的检测

将数字万用表调至二极管挡，如图 2.67 所示。

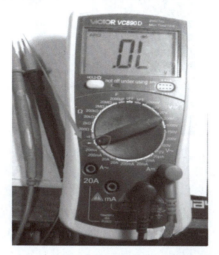

**图 2.67　将数字万用表调至二极管挡**

### 1. 发光二极管的检测

发光二极管两个引脚中较长的一个引脚为正极。将数字万用表的两支表笔接在发光二极管的两个引脚，若数字万用表有读数，则此时红表笔所接的一端为二极管的正极，同时发光二极管会发光。发光二极管测试正常如图 2.68 所示。

**图 2.68　发光二极管测试正常**

若数字万用表没有读数，则将两表笔反过来再测一次。若两次测量数字万用表都没有读数，则表示此发光二极管已经损坏。发光二极管测试损坏如图 2.69 所示。

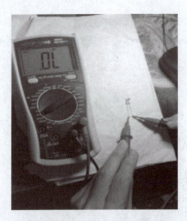

图 2.69　发光二极管测试损坏

### 2. 稳压二极管的检测

稳压二极管的管体上有黑圈的一端为负极。将数字万用表的两支表笔接在稳压二极管的两端，若数字万用表有读数，则红表笔所接的一端为正极，黑表笔所接的一端为负极。稳压二极管测试正常如图 2.70 所示。

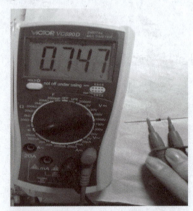

图 2.70　稳压二极管测试正常

若数字万用表没有读数，则将两表笔反过来再测一次。如果两次测量数字万用表都没有读数，表示此稳压二极管已经损坏。稳压二极管测试损坏如图 2.71 所示。

图 2.71　稳压二极管测试损坏

### 3. 整流二极管的检测

整流二极管的管体上有白圈的一端为负极。将数字万用表的两支表笔接到整流二极管的两端，若数字万用表有读数，则红表笔所接的一端为正极，黑表笔所接的一端为负极。整流二极管测试正常如图 2.72 所示。

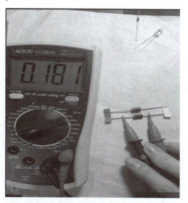

**图 2.72　整流二极管测试正常**

若数字万用表没有读数，则将两表笔反过来再测一次。如果两次测量数字万用表都没有读数，表示此整流二极管已经损坏。整流二极管测试损坏如图 2.73 所示。

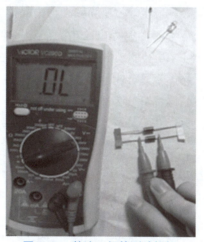

**图 2.73　整流二极管测试损坏**

**请完成学生工单 7**

# 任务 5　晶体管的识别与检测

## 5.1　晶体管的识别

### 1. 晶体管的作用

晶体管全称为半导体晶体管，又称双极型晶体管、三极管，是一种电流控制电流的半导体器件。晶体管可以把微弱信号放大成幅值较大的电信号，也可用作无触点开关。

### 2. 晶体管的分类

（1）按材质的不同，晶体管可分为硅晶体管（硅管）、锗晶体管（锗管）。

（2）按结构的不同，晶体管可分为 NPN 型晶体管、PNP 型晶体管。

晶体管是在一块半导体基片上制作两个距离很近的 PN 结，这两个 PN 结把整块半导体基片分成 3 个部分，中间部分为基极（b），两侧部分为集电极（c）和发射极（e），排列方式有 NPN 和 PNP 两种。

（3）按功能的不同，晶体管可分为开关晶体管、功率晶体管、达林顿晶体管、光敏三极管等。

（4）按耗散功率的不同，晶体管可分为小功率晶体管、中功率晶体管、大功率晶体管。

小功率晶体管的耗散功率在 1 W 以下，主要用作小信号放大、控制或振荡器。中功率晶体管的耗散功率为 1~10 W。大功率晶体管的耗散功率为 10 W 以上。

（5）按工作频率的不同，晶体管可分为低频晶体管、高频晶体管、超高频晶体管。

低频晶体管的特征频率小于 3 MHz，多用于低频放大电路。高频晶体管的特征频率为 3~30 MHz，多用于高频放大电路、混频电路或高频振荡电路等。超高频晶体管是一种用于高频放大和振荡的电子器件，其特征频率通常大于 30 MHz。超高频晶体管通常分为超高频小功率晶体管和超高频中、大功率晶体管。超高频小功率晶体管一般用于工作频率较高、功率不超过 1 W 的放大、振荡、混频、控制等电路中，而超高频中、大功率晶体管则一般用于视频放大电路、前置放大电路、互补驱动电路、高压开关电路及行推动电路等。

（6）按结构工艺的不同，晶体管可分为合金管、平面管。

（7）按安装方式的不同，晶体管可分为插件晶体管、贴片晶体管。

### 3. 晶体管的外形

1）插件晶体管

插件晶体管的外形如图 2.74 所示。

**图 2.74　插件晶体管的外形**

2）贴片晶体管

贴片晶体管的外形如图 2.75 所示。

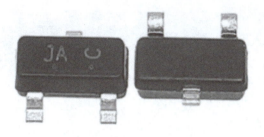

**图 2.75　贴片晶体管的外形**

3）大功率晶体管

常用大功率晶体管的封装形式有金属封装和塑料封装式两大类。金属封装和塑料封装的晶体管芯片相同，金属封装的晶体管体积大、导热性好、耗散功率大、输出功率大，其价格也高。

常见的大功率晶体管的工作电流大，体积也大，各电极的引脚较粗且硬，集电极引脚与金属外壳或散热片相连。这样一来，金属外壳就是管子的集电极，塑料封装式大功率晶体管自带的散热片也就成为集电极了。

常见的大功率晶体管如图 2.76 所示。

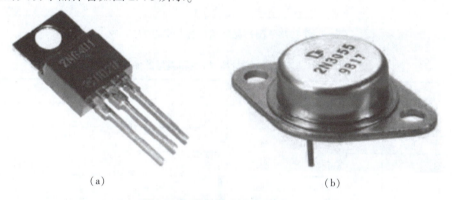

（a）　　　　　　　　　　　　　　　　　（b）

**图 2.76　常见的大功率晶体管**

（a）塑料封装式大功率晶体管；（b）金属封装式大功率晶体管

4）光敏三极管

光敏三极管又称光电晶体管，它和普通晶体管相似，也具有放大电流的作用，只是它的集电极电流不只受基极电路和电流的控制，也受光照的控制。通常光敏三极管的基极不引出，但一些光敏三极管的基极也会引出，用于温度补偿和附加控制等。当光敏三极管受到光照射时会产生光电流，其由基极流进发射极，从而在集电极回路中得到一个放大了 $\beta$ 倍的信号电流。不同材料制成的光敏三极管具有不同的光电特性，与光敏二极管相比，其具有很强的光电流放大作用，具有很高的灵敏度，使用更为广泛。

光敏三极管广泛应用在各种自动电控系统中，包括光探测器、安全系统、读卡器、烟雾探测器、计数系统、编码器、对象检测、打印机和复印机等。

常见的光敏三极管如图 2.77 所示。

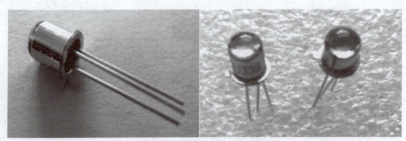

**图 2.77　常见的光敏三极管**

### 4. 晶体管的表示方法

国产晶体管的型号命名方式如图 2.78 和表 2.4 所示。

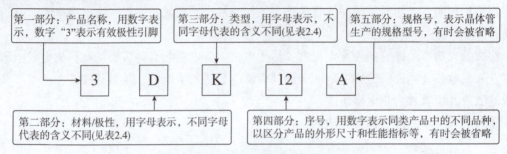

**图 2.78　国产晶体管的型号命名方式**

**表 2.4　国产晶体管材料/极性和类型的命名方式**

| 第二部分 | | | |
|---|---|---|---|
| 字母 | 含义 | 字母 | 含义 |
| A | 锗材料，PNP 型 | D | 硅材料，NPN 型 |
| B | 锗材料，NPN 型 | E | 化合物材料 |
| C | 硅材料，PNP 型 | — | — |
| 第三部分 | | | |
| 字母 | 含义 | 字母 | 含义 |
| G | 高频小功率晶体管 | V | 微波管 |
| X | 低频小功率晶体管 | B | 雪崩管 |
| A | 高频大功率晶体管 | J | 阶跃恢复管 |
| D | 低频大功率晶体管 | U | 光敏三极管（光电晶体管） |
| T | 闸流管 | J | 结型场效应晶体管 |
| K | 开关晶体管 | — | — |

　　例如，图 2.79 所示的标识为"3AD50C"的晶体管。其中，"3"表示晶体管；"A"表示锗材料，PNP 型；"D"表示低频大功率晶体管；"50"表示序号；"C"表示规格号。因此，该晶体管为低频大功率 PNP 型锗晶体管。

图 2.79　标识为"3AD50C"的晶体管

## 5.2　晶体管的检测

将晶体管正方形的一面朝向自己，引脚向下，从左到右，对应的 3 个引脚分别是发射极 e、基极 b、集电极 c，如图 2.80 所示

e　b　c

图 2.80　识别晶体管引脚

如果无法区别一只晶体管的引脚极性，我们可以采取以下两种方法。

### 1. 用数字万用表直接识别晶体管的引脚

1）查找晶体管的基极

将数字万用表的红表笔固定在晶体管的一个引脚上，用黑表笔分别测量此引脚与另外两个引脚间的阻值。若测量的电阻值一次大一次小，则再把红表笔换一个引脚固定。若测量的两次电阻值都比较小，则红表笔此时所在的脚就为基极。

用数字万用表测试晶体管的基极如图 2.81 所示。

如果是 NPN 型晶体管，将黑表笔固定在晶体管的一个引脚上，用红表笔测量其另外两个引脚，当测量的电阻值都很小时，黑表笔接触的引脚就是晶体管的基极。

2）查找晶体管的集电极

（1）NPN 型的晶体管：把数字万用表调到"1k"挡，黑表笔连接任意一个引脚，用红表笔分别测量另外两个引脚。若测得的电阻值在 10 kΩ 左右，则黑表笔接触的引脚为基极。再用"10k"挡测量另外两个引脚，测量的电阻值在 1 000 kΩ 左右的引脚为发射极，另外一个引脚就是集电极。

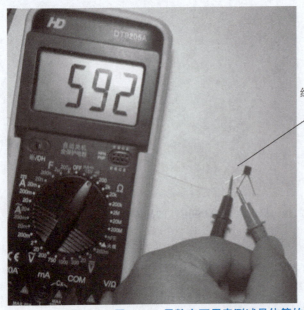

红表笔在中间，黑表笔测两端

**图2.81　用数字万用表测试晶体管的基极**

（2）PNP型晶体管：将NPN型晶体管的操作反过来即可。

### 2. 用数字万用表测试晶体管的功能来区别其类型和极性

将数字万用表置于"hFE"挡，将晶体管插入对应的3个孔中，测试晶体管的电流放大倍数，如图2.82所示。在测试时可以多插几次，如果数字万用表显示的数值为几十或几百，也就是它的电流放大倍数为几十或几百，这样就可以确定其为NPN型还是PNP型，并根据数字万用表上所标的e、b、c来确定其极性。

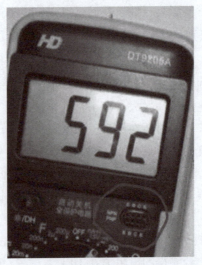

**图2.82　用数字万用表测试晶体管的电流放大倍数**

**请完成学生工单8**

# 任务6 变压器的识别与检测

## 6.1 变压器的识别

### 1. 变压器的作用

变压器能够起到升、降压的作用。电压是可以调节的，如果将电压升高，就能够有效减少电压的损耗，也可以起到阻抗匹配的作用。

### 2. 变压器的分类

变压器可以分为低频变压器、中频变压器、高频变压器和脉冲变压器。

1）低频变压器

低频变压器又分为音频变压器和电源变压器。

低频变压器主要用在阻抗变换和电压变换上，低频变压器的图形符号及外形如图2.83所示。

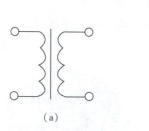

（a）　　　　　　　　　　（b）

**图2.83　低频变压器的图形符号及外形**

（a）低频变压器的图形符号；（b）低频变压器的外形

2）中频变压器

中频变压器的频率范围为几千赫兹到几十兆赫兹。它是超外差式接收机中的重要元件，又称中周，起选频、耦合等作用，在很大程度上决定了接收机的灵敏度、选择性和通频带。中频变压器的图形符号及外形如图2.84所示。

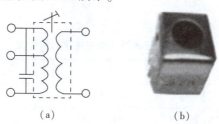

（a）　　　　　　　　　（b）

**图2.84　中频变压器的图形符号及外形**

（a）中频变压器的图形符号；（b）中频变压器的外形

3）高频变压器

高频变压器是工作频率超过中频（10 kHz）的电源变压器，主要用于高频开关电源中，作为高频开关电源变压器，也有用于高频逆变电源和高频逆变焊机中，作为高频逆变电源变压器的。高频变压器与低频变压器相比，无论在结构上还是磁芯材料上都有很大的区别。高频变压器一般采用导磁率高、高频损耗小的软磁材料作为磁芯，而且一般采用环形结构和罐型结构。高频变压器的图形符号及外形如图 2.85 所示。

（a）　　　　　　　　　　（b）

**图 2.85　高频变压器的图形符号及外形**

（a）高频变压器的图形符号；（b）高频变压器的外形

4）脉冲变压器

电视机中的行输出变压器是一种脉冲变压器，又称逆程变压器。它接在电视机的行扫输出级，将行逆程反峰电压升高，然后经整流、滤波，为显像管提供各种直流电压。脉冲变压器的外形如图 2.86 所示。

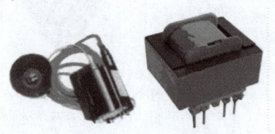

**图 2.86　脉冲变压器的外形**

### 3. 变压器的表示方法

1）变压器的型号表示法

（1）变压器型号中主称字母的含义如表 2.5 所示。

**表 2.5　变压器型号中主称字母的含义**

| 字母 | 含义 | 字母 | 含义 |
|------|------|------|------|
| DB | 电源变压器 | HB | 灯丝变压器 |
| CB | 音频输出变压器 | SB 或 ZB | 音频（定阻式）输送变压器 |
| RB | 音频输入变压器 | SB 或 EB | 音频（定压式或自耦式）输送变压器 |
| GB | 高压变压器 | — | — |

（2）中频变压器型号各部分字母和数字的含义如表 2.6 所示。

表 2.6 中频变压器型号各部分字母和数字的含义

| 主称 | | 尺寸 | | 级数 | |
| --- | --- | --- | --- | --- | --- |
| 字母 | 名称、特征、用途 | 数字 | 外形尺寸/mm | 数字 | 用于中放级数 |
| T | 中频变压器 | 1 | 7×7×12 | 1 | 第一级 |
| L | 线圈或振荡线圈 | 2 | 10×10×14 | 2 | 第二级 |
| T | 磁性瓷心式 | 3 | 12×12×16 | 3 | 第三级 |
| F | 调幅收音机用 | 4 | 20×25×36 | — | — |
| S | 短波段 | — | — | — | — |

2）变压器的主要参数

（1）变压比。变压器一、二次绕组的端电压之比为变压比，简称变比。

变比大于 1 的变压器为降压变压器，变比小于 1 的变压器为升压变压器，变比等于 1 的变压器为隔离变压器。

（2）额定功率。在规定的频率和电压下，变压器能长期工作而不超过规定温升时的输出功率为该变压器的额定功率，单位可使用伏安（VA）或千伏安（kVA）。

（3）效率。在额定负载下，变压器输出功率与输入功率的比值为其效率。

变压器的效率与功率有关，一般功率越大，效率越高。

（4）温升。绕组的温度，即当变压器通电工作后，其温度上升到稳定值时比环境温度高出的数值。变压器的温升决定了绝缘系统的寿命。除此以外，变压器的主要参数还有空载电流、绝缘电阻、漏电感、频带宽度和非线性失真等。

## 6.2 变压器的检测

1）变压器绝缘性能好坏的检测

检测变压器绝缘性能的好坏可用指针万用表的"R×10k"挡检测。

将指针万用表的一支表笔搭在铁芯上，另一支表笔分别接触一、二次绕组的每一个引脚，此时若指针不动，阻值为无穷大，则说明变压器的绝缘性良好；若指针向右偏转，则说明变压器的绝缘性能下降。这种方法适用于降压变压器。

用指针万用表的"R×1"挡测量变压器一次绕组的阻值，一般正常时只有几欧姆至几十欧姆。

用指针万用表的"R×10k"挡测量变压器二次绕组的阻值，一般只有几十欧姆至几百欧姆。若测得的阻值远大于上述阻值，则说明变压器二次线圈已经开路；若测得的阻值等于 0，则说明变压器二次线圈已经短路。

2）小型电源变压器的检测

小型电源变压器的检测方法如图 2.87 所示。

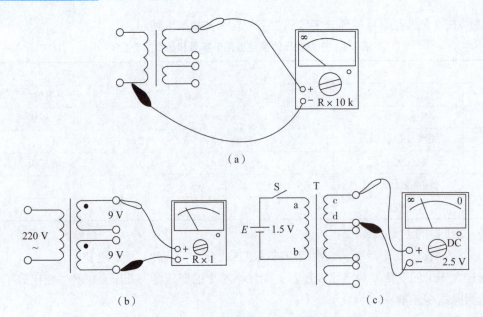

**图 2.87　小型电源变压器的检测方法**

（a）检测小型电源变压器的绝缘性能；（b）检测线圈的通断；（c）判断各绕组的同名端

请完成学生工单 9

# 任务 7　光耦合器的识别与检测

## 7.1　光耦合器的识别

### 1. 光耦合器的作用

光耦合器又称光电开关或光电耦合器，是以光为媒介来传输电信号的器件，通常把发光器（红外线发光二极管）与受光器（光敏三极管）封装在同一管壳内。当输入端加电信号时，发光器发出光线，受光器接收光线之后就产生光电流，从输出端流出，从而实现"电—光—电"转换。

光耦合器常用于计算机电路及其他控制电路上，可以代替继电器、变压器等承担隔离、开关、数据转换、过流保护、高压控制、电平匹配等重要功能。

### 2. 光耦合器的分类

1）按光路径划分

按光路径划分，光耦合器可分为外光路光耦合器（又称光电断续检测器）和内光路光耦合器。外光路光耦合器又分为透过型光耦合器和反射型光耦合器。

2）按输出形式划分

（1）光敏器件输出型：包括光敏二极管输出型、光敏晶体管输出型、光电池输出型、光可控硅输出型等，如图 2.88 所示。

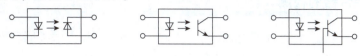

**图 2.88  光敏器件输出型的分类**

（a）光敏二极管输出型；（b）光敏晶体管输出型；（c）光敏晶体管输出型（基极有引出端）

（2）NPN 晶体管输出型：包括交流输入型、直流输入型、互补输出型、晶闸管型等，其中的晶闸管型晶体管如图 2.89 所示。

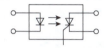

**图 2.89  晶闸管型晶体管**

（3）达林顿晶体管输出型：包括交流输入型、直流输入型。达林顿晶体管如图 2.90 所示。

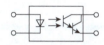

**图 2.90  达林顿晶体管**

（4）逻辑门电路输出型：包括门电路输出型、施密特触发输出型、三态门电路输出型等。

（5）低导通输出型（输出低电平毫伏数量级）。

（6）光型、双电源型等。

3）按速度划分

按速度划分，光耦合器可分为低速光电耦合器（光敏三极管、光电池等输出型）和高速光电耦合器（光敏二极管带信号处理电路或光敏集成电路输出型）。集成电路型光耦合器如图 2.91 所示。

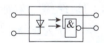

**图 2.91  集成电路型光耦合器**

4）按通道划分

按通道划分，光耦合器可分为单通道、双通道和多通道光电耦合器。

5）按隔离特性划分

按隔离特性划分，光耦合器可分为普通隔离光电耦合器（一般光学胶灌封低于 5 000 V，空封低于 2 000 V）和高压隔离光电耦合器（可分为 10 kV、20 kV、30 kV 等）。

6）按工作电压划分

按工作电压划分，光耦合器可分为低电源电压型光电耦合器（一般为 5~15 V）和高电源电压型光电耦合器（一般大于 30 V）。

## 7.2 光耦合器的检测

（1）发射管的检测。将指针万用表置于"R×1k"挡，测量方法类同普通二极管，示范管测得正向电阻值约为 30 kΩ，反向电阻为无穷大。

（2）接收管的检测。将指针万用表置于"R×10k"挡，红表笔接 e，黑表笔接 c，电阻值应越大越好，示范管测得电阻值约为 50 kΩ。

（3）发射管与接收管隔离性能的检测。将指针万用表置于"R×10k"挡，测量发射管与接收管之间的绝缘电阻，若电阻为无穷大，则说明性能良好。

**请完成学生工单 10**

# 任务 8　场效应管的识别与检测

## 8.1　场效应管的识别

### 1. 场效应管的作用

场效应晶体管（简称场效应管）是利用输入回路的电场效应来控制输出回路电流的一种半导体器件。

场效应管分为结型和绝缘栅型两大类。结型场效应管（JFET）因有两个 PN 结而得名，绝缘栅型场效应管（IGFET）则因栅极与其电极完全绝缘而得名。目前，在绝缘栅型场效应管中，应用最为广泛的是 MOS 场效应管，即金属–氧化物–半导体场效应管，简称 MOS 管。此外，还有 PMOS、NMOS 和 VMOS 功率场效应管。

### 2. 场效应管的分类

结型场效应管有两种结构形式：N 沟道结型场效应管和 P 沟道结型场效应管。MOS 管也有 N 沟道和 P 沟道之分，而且每一类又分为增强型和耗尽型两种。场效应管分类如图2.92 所示。

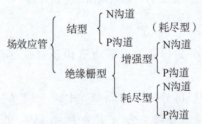

**图 2.92　场效应管分类**

### 3. 场效应管的表示方法

场效应管有两种命名方法。第一种命名方法与双极型晶体管相同：第三位字母 J 代表结型场效应管，O 代表绝缘栅型场效应管；第二位字母代表材料，D 是 P 型硅 N 沟道，C 是 N型硅 P 沟道。例如，"3DJ6D"是结型 N 沟道场效应管，"3DO6C"是绝缘栅型 N 沟道场效应管。第二种命名方法是"CSxx#",其中,"CS"代表场效应管,"xx"以数字代表型号的序号,"#"用字母代表同一型号中的不同规格,如 CS14A、CS45G 等。

### 4. 场效应管的图形符号

增强型 MOS 管分为 N 沟道 MOS 管和 P 沟道 MOS 管。增强型 MOS 管的图形符号及内部结构如图 2.93 所示。

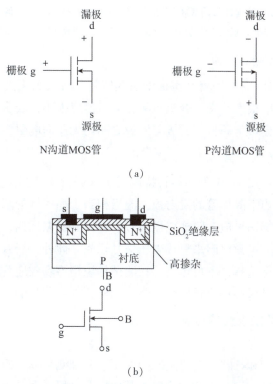

**图 2.93 增强型 MOS 管的图形符号及内部结构**

(a) 增强型 MOS 管的图形符号; (b) 增强型 MOS 管的内部结构

## 8.2 场效应管的检测

### 1. 用万用表检测场效应管

1) 场效应管极性的判别

将指针万用表调置"R×100"挡,将黑表笔接触管子的一个引脚,用红表笔分别接触另外两个引脚,若两次测得的电阻值都很小,则黑表笔所接触的引脚就是栅极,而且管子是 N 沟道型场效应管。用红表笔接触管子的一个引脚,用黑表笔接触另外两个引脚,若测得的两次电阻值都很小,则红表笔所接触的引脚就是栅极,而且管子是 P 沟道型场效应管。

用指针万用表检测场效应管的引脚如图 2.94 (a) 所示,确认场效应管的 N、P 沟道类型如图 2.94 (b) 所示。

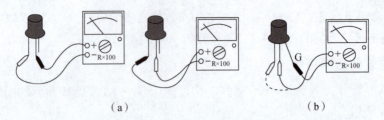

**图 2.94　用指针万用表检测场效应管的引脚并确认 N、P 沟道类型**

（a）用指针万用表检测场效应管的引脚；（b）用指针万用表确认场效应管的 N、P 沟道类型

2）结型场效应管好坏的判别

用指针万用表的"R×1k"挡测 P 沟道型场效应管，将红表笔接源极或漏极，黑表笔接栅极时，测得的电阻值应很大，交换表笔重测，电阻值应很小，表明管子基本上是好的，否则说明管子是坏的。若栅极与源极、栅极与漏极之间均无反向电阻，则说明管子是坏的。

### 2. 用测试仪检测场效应管

场效应管的测试也可用 JT-1 型晶体管特性图示仪进行，其测试方法和一般晶体管的测试方法类似。其源极相当于晶体管的发射极，栅极相当于晶体管的基极，漏极相当于晶体管的集电极。但输入的阶梯信号应为阶梯电压信号，即用阶梯电压挡，或者用阶梯电流挡通过在场效应管的输入端接入一只电阻来形成电压信号输入。此外，场效应管的电流、电压极性的选取要根据其类型进行选择，不可选错。在测试绝缘栅型场效应管时，需特别注意源极接地，并与机壳接通。测试时最好进行信号屏蔽，以防止外界信号的干扰。

### 3. 增强型绝缘栅场效应管的检测

1）确认栅极

将指针万用表置于"R×1k"挡，按图 2.95 所示分别测量场效应管的 3 个引脚，根据绝缘栅型场效应管关于电极的定义可知，栅极与其他两个电极之间是绝缘的，若测得的电阻值趋于无穷大，则黑表笔所接引脚为栅极。

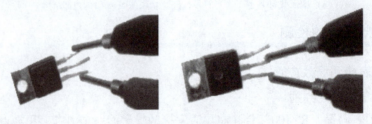

**图 2.95　确认栅极**

2）释放栅极电荷

将场效应管的 3 个引脚短接即可释放栅极电荷，如图 2.96 所示。

**图 2.96　释放栅极电荷**

3）测量除栅极外的另外两个引脚之间的电阻值

将黑表笔接其中的一个引脚，红表笔放在另外两个引脚上，此时测得的电阻值应为无穷大，如图 2.97 所示。

**图 2.97　测量电阻值**

4）确认源极

一般绝缘栅型场效应管的衬底在壳内与源极相连，同时与金属外壳相通，根据这一特点可以确认其源极。

场效应管（IRF640）的内部，在生产时已在其源极与漏极之间接有一个保护二极管，如图 2.98 所示，那么根据二极管的单向导电性就可以很容易地判断其源极和漏极。

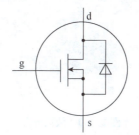

**图 2.98　确认源极和漏极**

**请完成学生工单 11**

# 任务 9　开关的识别与检测

## 9.1　开关的识别

### 1. 开关的作用

开关在电子设备中用于接通或切断电路，大多数开关都是手动式机械结构，由于其构造简单、操作方便、廉价可靠，所以应用十分广泛。

### 2. 开关的分类

随着新技术的发展，各种非机械结构的电子开关，如气动开关、水银开关及高频振荡式、感应电容式、霍尔效应式的接近开关等不断涌现，这里只简要介绍几种机械结构的开关。

1）拨动开关

拨动开关一般采用水平滑动式换位、切入咬合式接触，常用于计算器、收录机等民用电子产品。拨动开关如图 2.99 所示。

图 2.99　拨动开关

2）波段开关

波段开关分为大、中、小型 3 种。波段开关靠切入或咬合实现触点的闭合，可有多刀位、多层型的组合，绝缘基体有纸介、瓷介或玻璃丝环氧树脂板等几种。它的各层触点（俗称刀）联动，同时接通或切断电路（触点各种可能的位置俗称掷），因此波段开关的性能规格常用"几刀几掷"来表示。波段开关的额定工作电流一般为 0.05~0.3A，额定工作电压为 50~300 V。波段开关如图 2.100 所示。

图 2.100　波段开关

3）键盘开关

键盘开关多用于计算机（或计算器）中数字式电信号的快速通断。键盘有数码键、字母键及功能键，或者是它们的组合，其接触形式有簧片式、导电橡胶式和电容式等多种。键盘开关如图 2.101 所示。

图 2.101　键盘开关

4）钮子开关

钮子开关是电子设备中最常用的一种开关，有大、中、小型和超小型多种，触点有单刀、双刀及三刀 3 种，接通状态有单掷和双掷两种，额定工作电流为 0.5~5 A。钮子开关如

图 2.102 所示。

**图 2.102　钮子开关**

5）直键开关

直键开关俗称琴键开关，属于摩擦接触式开关，有单键的，也有多键的，每一键的触点个数均是偶数（即二刀、四刀……十二刀）。直键开关的键位状态可以锁定，可以是无锁的，也可以是自锁的，还可以是互锁的。直键开关如图 2.103 所示。

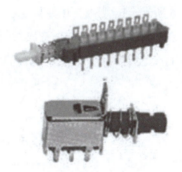

**图 2.103　直键开关**

6）船型开关

船型开关的结构与钮子开关相同，只是把钮柄换成船型，从而实现按动换位，常用作设备的电源开关。船型开关的触点可用于控制电路的通断，以实现不同的功能。例如，可将船型开关的触点连接到继电器上，通过控制继电器的吸合和释放来控制设备的开关，也可将船型开关的触点连接到指示灯上，通过控制指示灯的亮灭来表示设备的状态。船型开关如图 2.104 所示。

**图 2.104　船型开关**

7）接触型开关

接触型开关按接触类型可分为 a 型触点开关、b 型触点开关和 c 型触点开关 3 种。

接触型是指"操作（按下）开关后，触点闭合"这种操作状况和触点状态的关系。实际实用中，需要根据用途选择合适的接触型开关。

（1）a 型触点开关如图 2.105 所示。a 型触点开关是指没有按下开关时，两个触点处于断开状态，按下开关后变成导通状态。想通过操作开关运转负荷（电灯或发动机等通过与电路连接消耗电气能源的设备）时，可使用 a 型触点开关。

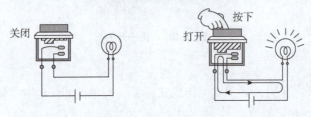

图 2.105　a 型触点开关

（2）b 型触点开关如图 2.106 所示。b 型触点开关与 a 型触点开关正好相反，也就是说，没有按下开关时，两个触点处于导通状态，按下开关后变成断开状态。图 2.106 中的电灯在没有按下开关时常亮，按下开关后关闭。想通过操作开关停止负荷的运转时，可使用 b 型触点开关。

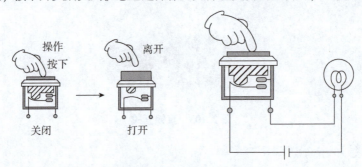

图 2.106　b 型触点开关

（3）c 型触点开关如图 2.107 所示。c 型触点开关是将 a 型触点和 b 型触点组合形成的开关。c 型触点的端子有共同端子（COM）、常闭端子（NC）和常开端子（NO）3 种。没有按下开关时，共同端子和常闭端子导通；按下开关时，共同端子和常开端子导通。c 型触点开关可用来切换两个电路。

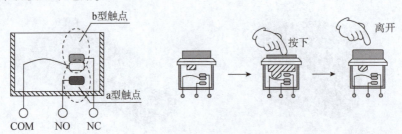

图 2.107　c 型触点开关

### 3. 开关的表示方法

开关一般用字母"S"表示。若是按钮式开关，则用"SB"表示；若是触控开关或波段开关，则用"SA"表示。

开关的图形符号及含义如表 2.7 所示。

**表 2.7　开关的图形符号及含义**

| 图形符号 | 含义 |
| --- | --- |
|  | 开关（机械式） |
|  | 单级开关图形符号一般用单线表示 |
|  | 多级开关图形符号一般用多线表示 |
|  | 接触器（在非动作位置触点断开） |
|  | 接触器（在非动作位置触点闭合） |
|  | 负荷开关（负荷隔离开关） |
|  | 具有自动释放功能的负荷开关 |
|  | 熔断器式断路器 |
|  | 断路器 |

## 9.2　开关的检测

检测开关的方法有观察法、万用表检测法和短接检测法。

### 1. 观察法

对于动作明显、触点直观的开关，可以直接观察检测，观察触点是否接触或分离，触点表面是否正常，是否无损坏、积碳、腐蚀生成物。

### 2. 万用表检测法

对于触点过于隐蔽而无法观察的开关，可以使用万用表的通断挡或欧姆挡测量其断开与闭合时的电阻值。

（1）准备一个数字万用表，如图 2.108 所示。

**图 2.108　准备数字万用表**

（2）接通数字万用表电源，将其置于通断挡，此时显示为"000"，如图 2.109 所示。

**图 2.109　将数字万用表置于通断挡**

（3）稍等片刻后，若数字万用表显示"1"，则说明测试表笔处于断开状态，如图 2.110 所示。

**图 2.110　测试表笔处于断开状态**

（4）将数字万用表的一支表笔轻放在开关接线端子的入线端，另一支表笔轻放在开关接线端子的出线端，若表显示"000"，则说明这两个端子接的是动断触点，万用表显示端子常闭，如图2.111所示。

**图2.111 万用表显示端子常闭**

（5）此时保持端子不动，轻压微动开关，此时观察表示数，当表显示"1"时，相当于开关接通了线路，此时说明开关正常，如图2.112所示。

**图2.112 开关正常**

### 3. 短接检测法

要检测电路中的开关，最简单的方法就是短接检测法。所谓短接检测法，就是用一根绝缘良好的硬导线，将所怀疑的开关短接，若在短接过程中电路被接通，则说明该处开关故障。

**请完成学生工单12**

# 任务10　集成电路的识别与检测

## 10.1　认识集成电路

### 1. 集成电路的作用

集成电路是一种半导体元件，它是根据具体功能要求，将二极管、晶体管、电阻、电容等元器件集成并封装在一个硅片上。集成电路的英文名称为 Integrated Circuit，简写为 IC。集成电路打破了电路的传统概念，实现了材料、元件、电路的集成。与由分立元器件组成的电路相比，集成电路具有体积小、重量轻、功能多、成本低的特点，适合大批量生产，同时缩短了导线，减少了焊点，提高了电子产品的可靠性和一致性。几十年来，集成电路的生产技术得到了迅猛发展，集成电路也得到了广泛的应用。

### 2. 集成电路的分类

集成电路按用途可分为模拟集成电路和数字集成电路两大类。模拟集成电路又可分为运算放大器、功率放大器、集成稳压器等；数字集成电路又可分为双极型数字集成电路和互补金属氧化物半导体（Com-plementary Metal Oxide Semiconductor，CMOS）数字集成电路等。

集成电路按其内部所含的元器件数量可分为小规模集成电路、中规模集成电路、大规模集成电路及超大规模集成电路。

## 10.2　集成电路的识别

### 1. 集成电路引脚的识别

集成电路的封装有晶体管式封装、扁平式封装和直插式封装。集成电路的引脚排列次序有一定的规律，一般都是从外壳顶部向下看，从左下脚按逆时针方向读数，其中第一引脚附近一般有参考标志，如凹槽、色点等。

双列直插式集成电路常用的有4脚、8脚、14脚和16脚等多种，扁平式集成电路的引脚多达几百个。将集成电路引脚朝下，以缺口或标有一个色点或划有一道竖线的位置为准，按逆时针方向计数排列。

双列直插式集成电路引脚的识别如图2.113所示。

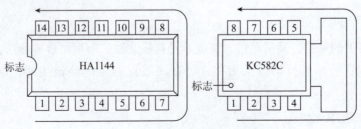

**图2.113　双列直插式集成电路引脚的识别**

单列直插式集成电路正面（印有型号商标的一面）朝上，引脚朝下，引脚排列顺序一般为从左到右，第一引脚一般都有色点标记。单列直插式集成电路如图 2.114 所示。

**图 2.114　单列直插式集成电路**

### 2. 芯片插座

由于集成电路芯片引脚过短，散热效果差，焊接时产生的高温容易造成芯片损坏，所以常使用芯片插座代替芯片。焊接时，先将芯片插座焊接在电路板上，再将芯片安装在插座上。

需要注意的是，成熟商业产品的集成电路芯片通常直接焊接在电路板上，无须芯片插座。这是由于商业产品的焊接由机器快速完成，人工焊接时，一般不建议尝试直接焊接芯片，因为这样很容易造成芯片损坏，拆焊时极其困难且容易损坏芯片。使用芯片插座时，插的方向应与芯片正确的方向保持一致，不能插错。

### 3. 使用集成电路的注意事项

（1）在使用集成电路时，不允许使用超过手册规定的参数值。

（2）插装集成电路时要注意引脚序号方向，不能插错。

（3）对于 MOS 集成电路，要特别注意防止栅极静电感应击穿电路。

**请完成学生工单 13**

# 项目 3

# 电子产品的焊接工艺

### 知识目标

1. 掌握常用焊接工具的使用方法；
2. 了解电子产品焊接工艺流程。

### 能力目标

1. 能够正确使用焊接工具；
2. 能够熟练掌握通孔式元件和表面贴装技术（SMT）。

### 思政目标

在焊接过程中，必须遵循焊接顺序。因此，要保证焊接的顺利完成，学生在焊接过程中必须认真、专注，而且要细心和耐心。在焊接印制电路板时，通过分析当前电子组装技术的发展和现状，让学生感受科技魅力的同时，增强其科技兴国的使命感和紧迫感。

###  思政案例

电子管的问世宣告了一个新兴行业的诞生，电子技术的快速发展由此展开，世界从此进入了电子时代。起初，电子管安装在电子管座上，而电子管座安装在金属底板上，组装时采用分立引线进行器件和电子管座的连接，通过对各连接线的扎线和配线，保证整体走线整齐。其中，电子管的高电压工作要求使我们对强电和信号的走线，以及生产过程中的人身安全等给予了更多的关注。

国内封装产业随半导体市场规模的快速增长而不断壮大，与此同时，IC 设计、芯片制造和封装测试这"三业"的格局也正在不断优化，形成了"三业"并举、协调发展的格局。作为半导体产业的重要组成部分，封装产业及封装技术在近年来稳定、高速地发展，特别是随着国内本土封装企业的快速成长和国外半导体公司向国内转移封装测试业务，其重要性有增无减，仍是 IC 产业强项。

境外半导体制造商及封装代工厂纷纷将其封装产能转移至中国，近年来，飞思卡尔、英特尔、意法半导体、英飞凌、瑞萨科技、东芝、三星、日月光、美国国家半导体等众多国际大型半导体企业在上海、无锡、苏州、深圳、成都、西安等地建立封测基地，长三角、珠三角地区仍然是封测业者最看好的地区，拉动了封装产业规模的迅速扩大。

# 任务 1　手动焊接工具的操作方法

## 1.1　手动焊接工具

### 1. 手动焊接原理

锡焊是一门科学，它的原理是通过加热的电烙铁将固态焊锡丝加热熔化，再借助助焊剂的作用，使其流入被焊金属，待冷却后，形成牢固可靠的焊点。

### 2. 常用焊接工具

常用焊接工具包括电烙铁、助焊剂、焊锡丝和镊子。

1）电烙铁

（1）电烙铁的形状。

电烙铁是最常用的手动焊接工具之一，被广泛应用于各种电子产品的生产与维修中。常见的电烙铁及烙铁头的形状如图 3.1 所示。

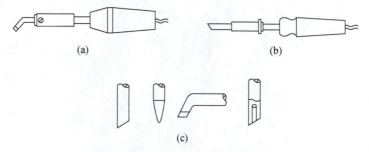

**图 3.1　常见的电烙铁及烙铁头的形状**

（a）外热式电烙铁；（b）内热式电烙铁；（c）各种形状的烙铁头

（2）电烙铁的结构。

电烙铁的基本结构包括绝缘耐热手柄、发热丝、烙铁头、电源线、电源插头、恒温控制器、烙铁架，如图 3.2 所示。

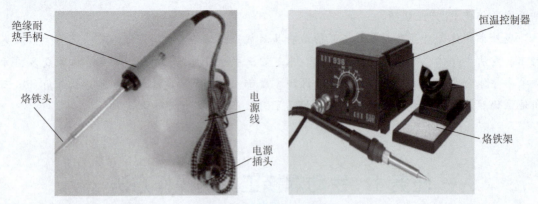

图 3.2    电烙铁的外部结构

（3）电烙铁的分类。

常见的电烙铁可分为内热式、外热式、恒温式和吸锡式电烙铁。

①内热式电烙铁。内热式电烙铁具有发热快、体积小、重量轻、效率高等特点，因此得到普遍应用。常用的内热式电烙铁的规格有 20 W、35 W、50 W 等，20 W 烙铁头的温度可达 350℃左右。电烙铁的功率越大，烙铁头的温度就越高，可焊接的元件就大一些。焊接集成电路和小型元器件，选用 20 W 内热式电烙铁即可。常用的 35 W 内热式电烙铁如图 3.3 所示。

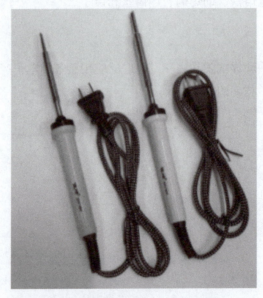

图 3.3    常用的 35 W 内热式电烙铁

②外热式电烙铁。外热式电烙铁的功率比较大，常用的规格有 25 W、30 W、50 W、75 W、100 W、150 W、300 W 等，适合焊接较大的元件。它的烙铁头可以被加工成各种形状，以适应不同焊接面的需要。常用的 300 W 外热式电烙铁如图 3.4 所示。

图 3.4　常用的 300 W 外热式电烙铁

③恒温式电烙铁。恒温式电烙铁用电烙铁内部的磁控开关来控制电烙铁的加热电路，使烙铁头保持恒温。当磁控开关的软磁铁被加热到一定温度时便失去磁性，使电路中的触点断开，自动切断电源。恒温式电烙铁如图 3.5 所示。

恒温控制器

烙铁架

图 3.5　恒温式电烙铁

④吸锡式电烙铁。吸锡式电烙铁是拆除焊件的专用工具，可将焊点上的焊锡熔化后吸除，使元件的引脚与焊盘分离。操作时，先将电烙铁加热，再将烙铁头放到焊点上，待焊点上的焊锡熔化后，按动吸锡开关，即可将焊点上的焊锡吸入腔内，这个步骤有时要反复进行几次才行。吸锡式电烙铁如图 3.6 所示。

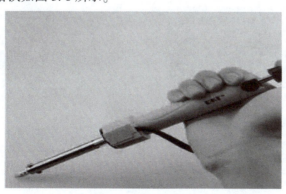

图 3.6　吸锡式电烙铁

2）助焊剂

要得到一个好的焊点，被焊物必须有一个完全无氧化层的表面。但金属一旦暴露于空气中，就会生成氧化层，这种氧化层无法用传统溶剂清洗，此时必须依赖助焊剂与氧化层产生化学作用。当助焊剂清除氧化层之后，只有干净的被焊物表面才可与焊锡丝结合。松香助焊剂如图 3.7（a）所示，焊膏如图 3.7（b）所示。

（a）　　　　　　　　　　（b）

**图 3.7　常用助焊剂**

（a）松香助焊剂；（b）焊膏

3）焊锡丝

焊锡丝可以作为焊接的材料，以固定电子元器件。在电子焊接时，焊锡丝与电烙铁配合，优质的电烙铁提供稳定、持续的熔化热量，焊锡丝作为填充物的金属，加到电子元器件的表面和缝隙中，固定电子元器件成为焊接的主要成分。

焊锡丝由锡合金和助剂两部分组成，锡合金主要包括锡铅合金、锡银铜合金、锡铜合金等，焊锡丝在生产过程中制成空心丝，内部为松香、助焊剂、水溶性树脂、活化剂等，然后拉成丝状均匀绕在卷轴上。

常用的 SnPb（Sn63% Pb37%）有铅焊锡丝和 SAC（96.5%Sn 3.0%Ag 0.5%Cu）无铅焊锡丝，里面是空心的，这个设计是为了存储助焊剂（松香），使在加焊锡丝的同时能均匀地加上助焊剂。就有铅焊锡丝来说，根据 SnPb 的成分比例的不同，其主要用途也不同。有铅电解焊锡丝如图 3.8（a）所示，无铅焊锡丝如图 3.8（b）所示。

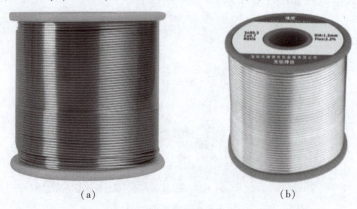

（a）　　　　　　　　　　　　（b）

**图 3.8　焊锡丝**

（a）有铅电解焊锡丝；（b）无铅焊锡丝

4）镊子

镊子的主要用途是摄取微小器件，在焊接时夹持被焊物，以防止其移动和帮助其散热。常用镊子可分为以下几类：标准型，适合焊接集成电路，更换紧密零部件；细尖型，比标准型更细长，适合小空间更换精密零部件；加强型，比标准型更强大，适合强力夹电路板时不易弯；扁圆型，适合提取晶片电路片；瘦尖型，头部细长，适合狭窄空间的精密操作；弯尖型，弯尖鹰嘴头设计，头部细长，适合狭窄空间的精密操作。常见的镊子如图 3.9 所示。

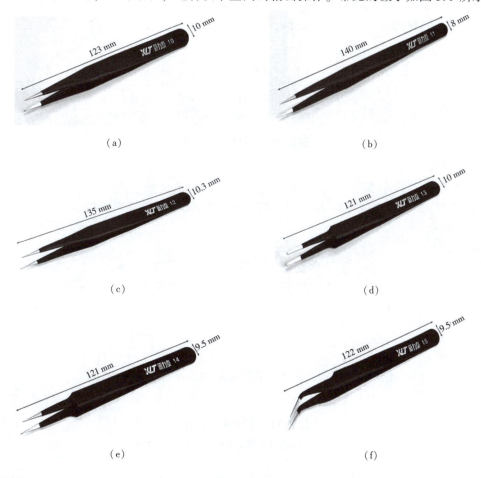

图 3.9　常见的镊子

（a）标准型；（b）细尖型；（c）加强型；（d）扁圆型；（e）瘦尖型；（f）弯尖型

## 1.2　手动焊接的操作方法

### 1. 前期准备

（1）训练工具准备。

（2）材料准备。

（3）采用正确的加热方法。

（4）焊锡量要合适。

（5）准备适量的助焊剂。

## 2. 元器件的装配

### 1）元器件装配方式

元器件在印制电路板（Printed-Circuit Board，PCB）上的装配（或称安装）有立式和卧式两种方式。元器件立式装配如图 3.10 所示，元器件卧式装配如图 3.11 所示。

在安装元器件时要考虑高度，以及是否采用支架固定等因素。元器件受高度限制时的装配如图 3.12 所示，元器件采用支架固定的装配如图 3.13 所示。

小功率晶体管的装配方式如图 3.14 所示。

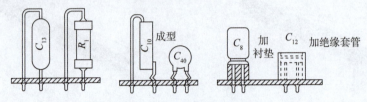

**图 3.10　元器件立式装配**

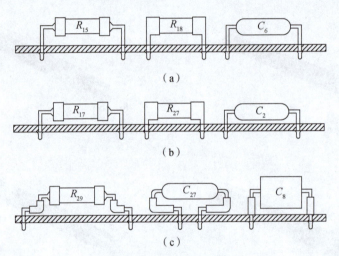

（a）

（b）

（c）

**图 3.11　元器件卧式装配**

（a）安装形式 1；（b）安装形式 2；（c）安装形式 3

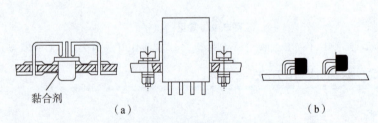

（a）　　　　　　　　　　　　　　　（b）

**图 3.12　元器件受高度限制时的装配**

（a）埋头安装；（b）折弯安装

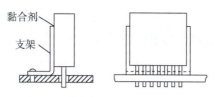

**图 3.13 元器件采用支架固定的装配**

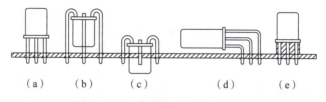

**图 3.14 小功率晶体管的装配方式**

（a）正直立装；（b）倒装；（c）卧装；（d）横装；（e）加衬垫装

2）元器件的装配方法和原则

（1）元器件装配的顺序：先低后高，先小后大，先轻后重。

（2）元器件装配的方向：电子元器件的标记和色码部位应朝上，以便于辨认；水平装配元器件的数值读法应保证从左至右，竖直装配元器件的数值读法应保证从下至上。

（3）元器件的间距：在印制电路板上的元器件之间的距离不能小于 1 mm，引线间距要大于 2 mm，必要时要给引线套上绝缘套管。

（4）对于水平装配的元器件，应使元器件贴在印制电路板上，元器件离印制电路板的距离要保持在 0.5 mm 左右。对于竖直装配的元器件，元器件离印制电路板的距离应为 3～5 mm。

## 1.3 手动焊接的步骤

### 1. 焊接操作的姿势

1）电烙铁的操作姿势

电烙铁的操作姿势包括正握法、反握法和握笔法。其中，正握法适合中等功率电烙铁或带弯头电烙铁的操作；反握法动作稳定，长时间操作不宜疲劳，适合大功率电烙铁的操作；在操作台上焊接印制电路板等焊件时多采用握笔法。电烙铁的操作姿势如图 3.15 所示。

**图 3.15 电烙铁的操作姿势**

（a）正握法；（b）反握法；（c）握笔法

2）焊锡丝的操作姿势

由于焊锡丝成分中铅占一定比例，而铅是对人体有害的重金属，所以操作时应戴手套或操作后洗手。

焊锡丝一般有两种操作姿势，如图 3.16 所示。

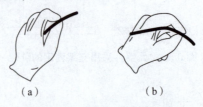

**图 3.16　焊锡丝的操作姿势**
(a) 连续锡焊时；(b) 断续锡焊时

### 2. 手动焊接"五步法"

（1）准备施焊。准备好焊锡丝和电烙铁，烙铁头要保持干净，以确保其可以沾上焊锡（俗称吃锡）。

（2）加热焊件。将电烙铁接触焊点，用电烙铁加热焊件各部分。

（3）熔化焊锡丝。当焊件加热到能熔化焊锡丝的温度后，将焊锡丝置于焊点处，焊锡丝开始熔化并润湿焊点。

（4）移开焊锡丝。当熔化一定量的焊锡丝后，将焊锡丝移开。

（5）移开电烙铁。当焊锡丝完全润湿焊点后，移开电烙铁，注意移开电烙铁的方向应该是 45°的方向。

手动焊接"五步法"如图 3.17 所示。

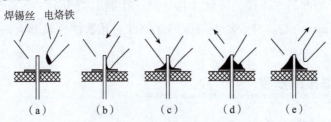

**图 3.17　手动焊接"五步法"**
(a) 准备施焊；(b) 加热焊件；(c) 熔化焊锡丝；(d) 移开焊锡丝；(e) 移开电烙铁

### 3. 手动焊接注意事项

1）对焊件要先进行表面处理

焊件都需要进行表面清理，去除焊接面上的锈迹、油污等影响焊接质量的杂质，手动焊接中常用机械刮磨和酒精擦洗等简单易行的方法对焊件表面进行清理。

2）对元件引线要进行镀锡操作

镀锡就是将要进行焊接的元件引线或导线的焊接部位预先用焊锡丝润湿，也称为上锡。镀锡对手动焊接，特别是进行电路维修和调试来说是必不可少的。元件引线镀锡如图 3.18 所示。

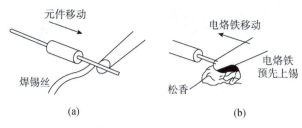

**图 3.18　元件引线镀锡**

（a）不使用助焊剂镀锡；（b）使用助焊剂镀锡

3）不要过量使用助焊剂

过量的松香不仅会增大焊接后清洗焊点的工作量，而且延长了加热时间（松香挥发需要一定的热量），降低了工作效率。同时，若加热时间不足，非常容易将松香夹杂到焊锡丝中，形成"夹渣"缺陷。对于开关类元件的焊接，过量的助焊剂容易流到触点处，从而造成开关接触不良。

合适的助焊剂的量应该是松香水仅能浸湿将要形成的焊点，不要让松香水透过印制电路板流到元件面或插座孔里（如 IC 插座）。若使用有松香芯的焊锡丝，则基本上不需要再涂助焊剂。

4）要经常擦蹭烙铁头

焊接过程中，烙铁头长期处于高温状态，又接触助焊剂等受热分解的物质，其铜表面很容易氧化，从而形成一层黑色杂质。这些杂质形成了隔热层，使烙铁头失去了加热作用。因此，应随时在烙铁架上蹭去烙铁头上的杂质，用一块湿布或湿海绵随时擦蹭烙铁头。

5）对焊盘和元件加热时要有焊锡桥

要提高烙铁头加热的效率，需要形成热量传递的焊锡桥。所谓焊锡桥，就是将电烙铁上保留的少量焊锡丝作为加热时烙铁头与焊件之间传热的桥梁。显然，由于金属液体的导热效率远高于空气，所以元件很快被加热到适于焊接的温度。

## 1.4　导线的焊接及连接

### 1. 常用连接导线

在电子电路中，常用的连接导线有 3 类：单股导线、多股导线、屏蔽线。

### 2. 导线的焊前处理

导线在焊接前要除去其末端的绝缘层，剥除绝缘层可以用普通工具或专用工具。在工厂的大规模生产中，使用专用机械剥除导线的绝缘层。在检查和维修过程中，一般可用剥线钳或简易剥线器剥除导线的绝缘层。简易剥线器可用 0.5~1 mm 厚度的铜片经弯曲后固定在电烙铁上制成，如图 3.19 所示，使用它的最大好处是不会损伤导线。

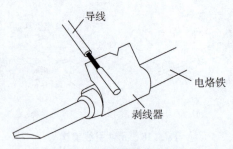

**图 3.19　简易剥线器的制作**

使用普通偏口钳剥除导线的绝缘层时，对单股导线应注意不要伤及导线，对多股导线和屏蔽线应注意不要切断线，否则将影响接头质量。

剥除多股导线绝缘层的技巧是将线芯拧成螺旋状，采用边拽边拧的方式，如图 3.20 所示。

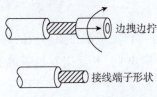

**图 3.20　多股导线的剥线技巧**

对导线进行焊接时，镀锡是关键的步骤。尤其是对多股导线的焊接，如果没有这一步，焊接的质量很难保证。

### 3. 导线与接线端子之间的焊接

导线与接线端子之间的焊接有 3 种基本形式：绕焊、钩焊和搭焊，如图 3.10 所示。绕焊是指把已经镀锡的导线头在接线端子上缠一圈，用钳子拉紧缠牢后再进行焊接。注意，导线一定要紧贴接线端子表面，使绝缘层不接触接线端子，$L$ 一般取 1~3 mm 为宜。这种焊接形式的可靠性最好。钩焊是指将导线头弯成钩形，钩在接线端子的孔内，用钳子夹紧后焊接。这种焊接形式的强度低于绕焊，但操作比较简便。搭焊是指把经过镀锡的导线搭到接线端子上焊接。这种焊接形式最方便，但强度和可靠性最差，仅用于临时焊接或不便于缠、钩的地方。导线与接线端子之间的焊接形式如图 3.21 所示。

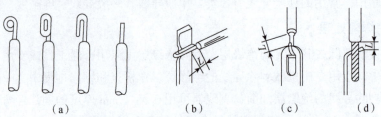

（a）　　　　　　（b）　　　　　　（c）　　　　　　（d）

**图 3.21　导线与接线端子之间的焊接形式**
（a）导线弯曲形式；（b）绕焊；（c）钩焊；（d）搭焊

### 4. 导线与导线之间的焊接

导线与导线之间的焊接以绕焊为主，如图 3.22 所示。操作步骤如下：首先去掉导线上一定长度的绝缘皮；再给导线头镀锡，并套上粗细合适的套管；然后将两根导线绞合后焊接；最后趁热套上套管，使焊点冷却后套管固定在焊接头处。

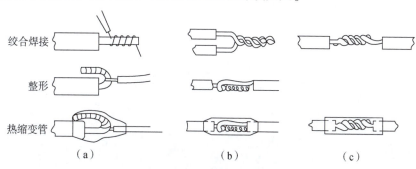

**图 3.22  导线与导线之间的焊接**

（a）粗细不同的两根导线；（b）粗细相同的两根导线；（c）简化接法

### 5. 在金属板上焊导线

要将导线焊接到金属板上，最关键的问题是给金属板镀锡。因为金属板的表面积大，吸热多且散热快，所以必须要使用功率较大的电烙铁。一般根据金属板的厚度和表面积，选用 50~300 W 的电烙铁即可。若金属板厚度为 0.3 mm 以下，也可用 20 W 的电烙铁，只是要增加焊接的时间。

在焊接时，可采用图 3.23 所示的方法，先用小刀刮干净焊接面，并涂上少量助焊剂，然后用烙铁头沾满焊锡丝，适当用力地在铝板上做圆周运动，依靠烙铁头的摩擦，破坏铝板的氧化层并不断地将锡镀到铝板上。镀上锡后的铝板就比较容易焊接了。若使用酸性助焊剂（如焊油），则在焊接完成后要及时将焊点清洗干净。

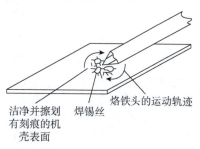

**图 3.23  在铝板上进行焊接的方法**

### 6. 导线的连接

#### 1）单股铜导线的连接

小截面单股铜导线的连接方法如图 3.24 所示，先将两根导线的线芯、线头进行 X 形交叉，然后将它们相互缠绕 2~3 圈后扳直两线头，最后将每个线头在另一芯线上密绕 5~6 圈，然后剪去多余线头。单股铜导线的分支连接方法如图 3.25 所示，单股铜导线的十字连接方法如图 3.26 所示。

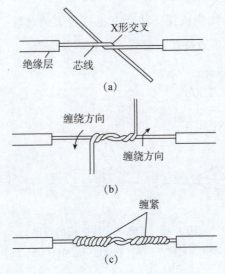

**图 3.24　小截面单股铜导线的连接方法**

（a）两导线的线芯、线头做 X 形交叉；（b）相互缠绕 2~3 圈；（c）每个线头在另一芯线上密绕 5~6 圈

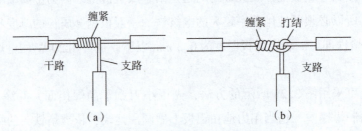

**图 3.25　单股铜导线的分支连接方法**

（a）单股铜导线不打结连接；（b）单股铜导线打结连接

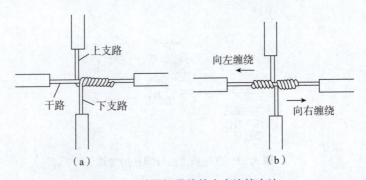

**图 3.26　单股铜导线的十字连接方法**

（a）单股铜导线向右缠绕；（b）单股铜导线向左、向右缠绕

2）多股铜导线的连接

多股铜导线的直接连接方法如图 3.27 所示。多股铜导线的分支连接方法如图 3.28 所示。同一方向多股铜导线的连接方法如图 3.29 所示。

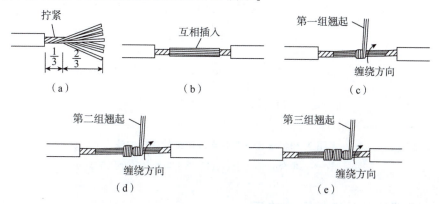

图 3.27　多股铜导线的直接连接方法

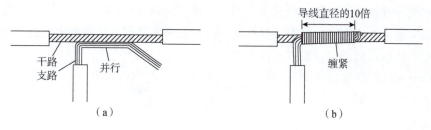

图 3.28　多股铜导线的分支连接方法

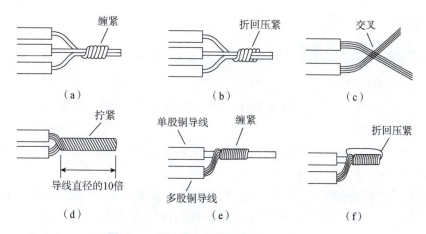

图 3.29　同一方向多股铜导线的连接方法

3）双芯或多芯电线电缆的连接

双芯或多芯电线电缆的连接方法如图 3.30 所示。

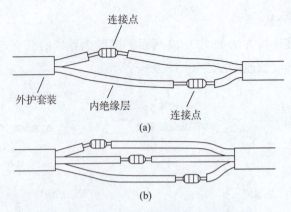

图 3.30 双芯或多芯电线电缆的连接方法

（a）双芯电线电缆的连接；（b）多芯电线电缆的连接

## 1.5 弹簧片类元件的焊接技巧

弹簧片类元件包括继电器、波段开关等，它们的共同特点是在簧片制造时施加了预应力，使之产生适当的弹力，保证电接触性能良好。若在安装和焊接过程中对簧片施加的外力过大，则会破坏触点的弹力，造成元件失效。

弹簧片类元件的焊接技巧如下。

（1）有可靠的镀锡。

（2）加热时间要短。

（3）不可对焊点的任何方向加力。

（4）焊锡量宜少不宜多。

## 1.6 集成电路的焊接技巧

集成电路的焊接技巧如下。

（1）集成电路的引线若经过镀金处理，则不要用刀刮，只需用酒精擦洗或用绘图橡皮擦擦干净就可以进行焊接了。

（2）CMOS 型集成电路在焊接前若已将各引线短路，则焊接时不要拿掉短路线。在保证焊接部位润湿的前提下，焊接时间尽可能短，不要超过 3 s。

（3）最好采用恒温 230℃、功率为 20 W 的电烙铁焊接，接地线应保证接触良好。烙铁头应修整得窄一些，保证当焊接一个端点时不会碰到相邻的端点。

（4）集成电路若直接焊到印制电路板上，则焊接顺序应为地端—输出端—电源端—输入端。

请完成学生工单 14

# 任务 2　手动拆焊

## 2.1　拆焊操作的原则与工具

### 1. 拆焊操作的适用范围

拆焊操作适用于拆除误装、误接的元件和导线，在维修或检修过程中需更换元件，在调试结束后需拆除临时安装的元件或导线等情况。

### 2. 拆焊操作的原则

拆焊时不能损坏需拆除的元件及导线，不能损坏焊盘和印制电路板上的铜箔。在拆焊过程中，不要乱拆和移动其他元件，若确实需要移动其他元件，在拆焊结束后应做好元件的复原工作。

### 3. 拆焊操作所使用的工具

1）一般拆焊工具

拆焊可用一般电烙铁来进行，烙铁头不要沾锡，先用电烙铁使焊点上的焊锡熔化，然后迅速用镊子拔下元件的引脚，再对原焊点进行清理，使焊盘孔露出来，以备重新安装元件时使用。用一般的电烙铁拆焊时，可以配合其他辅助工具进行。常用的拆焊工具如图 3.31 所示。

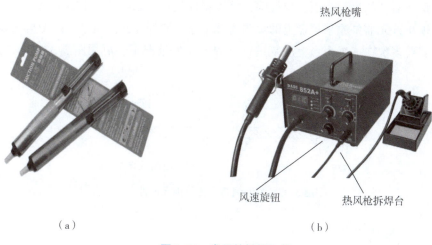

（a）　　　　　　　　　　　　　　（b）

**图 3.31　常用的拆焊工具**

（a）吸锡器；（b）热风拆焊器

2）专用拆焊工具

拆焊的专用工具是吸锡式电烙铁，它自带一个吸锡器，烙铁头是中空的。拆焊时，先用烙铁头加热焊点，当焊点熔化后，按下吸锡式电烙铁上的吸锡开关，焊锡就会被吸入电烙铁的吸管内。专用拆焊工具适用于拆除集成电路、中频变压器等多引脚元件。

### 4. 拆焊操作的具体要求

拆焊过程中，有以下两点需要注意。

（1）严格控制加热时间。

（2）掌握好力度。

## 2.2　具体元器件的拆焊操作

### 1. 电阻、电容、二极管、晶体管等元器件的拆焊

一般电阻、电容、二极管、晶体管等元器件的引脚不多，对这些元器件可直接用电烙铁进行拆焊。少引脚元器件的拆焊方法如图 3.32 所示。

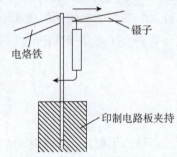

图 3.32　少引脚元器件的拆焊方法

拆焊时，将印制电路板竖起来夹住，一边用电烙铁加热待拆元器件的其中一个焊点，一边用镊子或尖嘴钳夹住该元器件的引线，待焊点熔化后，将元器件的引脚轻轻地拉出。用同样的方法，将元器件的另一个引脚也拔除，该元器件就从印制电路板上拆下来了。将元器件拆除后，必须将该元器件原来焊盘上的焊锡清理干净，使焊盘孔露出来，以便再安装元器件时使用。在需要多次在一个焊点上反复进行拆焊操作的情况下，可用图 3.33 所示的断线拆焊法。

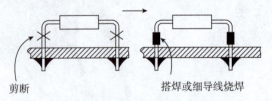

剪断　　　　　　　搭焊或细导线烧焊

图 3.33　用断线拆焊法更换元器件

### 2. 多引脚元器件的拆焊

多引脚元器件的拆焊可以采用集中拆焊法，先用电烙铁和吸锡工具，逐个将焊接点上的焊锡吸去，再用排锡管将元器件引脚逐个与焊盘分离，最后将元器件拔下。

**请完成学生工单 15**

# 任务3　表面贴装技术

## 3.1　表面贴装技术的概念

表面贴装技术（Surface Mounted Technology，SMT）作为新一代电子组装技术，已经渗透到各个领域，其发展迅速、应用广泛，在许多领域中已经完全取代传统的电子组装技术。表面贴装技术将片状元器件直接贴装在印制电路板铜箔上，用回流焊或其他焊接工艺焊接，从而实现了电子产品的高密度、高可靠、小型化、低成本、自动化的生产。表面贴装技术如今已成为电子信息产品制造业的核心技术。

## 3.2　表面贴片材料

### 1. 表面贴片分立元件（SMC）与表面贴片分立器件（SMD）

表面贴片分立元件（Surface Mounted Commponents，SMC）与表面贴片分立器件（Surface Mounted Devices，SMD）如图3.34所示。

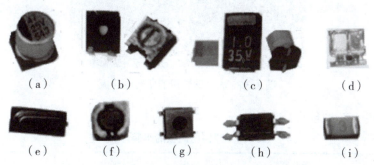

**图3.34　表面贴片分立元件与表面贴片分立器件**

（a）片状电位器；（b）贴片可调电阻；（c）贴片电容；（d）片状发光二极管；
（e）贴片石英晶体；（f）片状电感；（g）片状开关；（h）光耦合器；（i）贴片熔断器

### 2. 表面贴片集成电路（IC）元件

表面贴片集成电路（IC）元件如图3.35所示。

**图3.35　表面贴片集成电路元件**

（a）小外形封装（SOP）；（b）方形扁平封装（QFP）；（c）带引线的塑料芯片载体（PLCC）

### 3. 表面贴装用的印制电路板（SMB）

表面贴装用的印制电路板（Surface Mounted Board，SMB）如图 3.36 所示。

**图 3.36　表面贴装用的印制电路板**

印制电路板的组装形式如表 3.1 所示。

**表 3.1　印制电路板的组装形式**

| | 组装形式 | 示意图 | 电路基板 | 焊接方式 | 特征 |
|---|---|---|---|---|---|
| 全表面组装 | 单面表面组装 | | 单面 PCB 陶瓷基板 | 单面回流焊 | 工艺简单，适用于小型、薄型简单电路 |
| | 双面表面组装 | | 双面 PCB 陶瓷基板 | 双面回流焊 | 高密度组装、薄型化 |
| 单面混装 | SMD 和通孔插装元件（Through Hole Component，THC）都在 A 面 | | 双面 PCB | 先 A 面再流焊，后 B 面波峰焊 | 一般采用先贴后插，工艺简单 |
| | THC 在 A 面，SMD 在 B 面 | | 单面 PCB | B 面波峰焊 | PCB 成本低，工艺简单，先贴后插。若采用先插后贴，则工艺复杂 |

续表

| 组装形式 | | 示意图 | 电路基板 | 焊接方式 | 特征 |
|---|---|---|---|---|---|
| 双面混装 | THC 在 A 面，A、B 两面都有 SMD | A / B | 双面 PCB | 先 A 面回流焊，后 B 面波峰焊 | 适合高密度组装 |
| | A、B 两面都有 SMD 和 THC | A / B | 双面 PCB | 先 A 面回流焊，后 B 面波峰焊 | 工艺复杂，很少采用 |

#### 4. 锡膏

锡膏是表面贴装技术不可缺少的一种材料，它经过加热熔化以后，可以把表面贴片分立元器件焊接在印制电路板的铜箔上，起连接和导电作用。用回流焊设备焊接印制电路板时，要使用铅锡焊膏。足够的黏性焊膏可以把表面贴片分立元器件粘贴在印制电路板上，以便于回流焊。

#### 5. 黏合剂

用于粘贴表面贴片分立元器件的黏合剂被称为贴片胶。在双面混装表面安装印制电路板的焊接面，先将贴片胶涂敷在印制电路板贴放元器件位置的底部或边缘，然后贴放表面贴片分立元器件，待其固化后，翻板插装元器件，最后进行波峰焊。常用的黏合剂如图 3.37 所示。

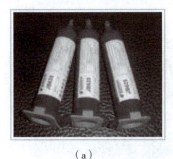 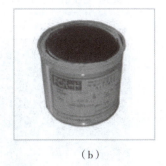

（a）　　　　　　　　　　　　　（b）

**图 3.37　常用的黏合剂**

（a）贴片胶；（b）红胶贴片胶

## 3.3　表面贴装手动工艺流程

手动焊接表面贴片分立元器件的工艺流程如图 3.38 所示。

**图 3.38　手动焊接表面贴片分立元器件的工艺流程**

### 1. 必备工具

**1）松香**

松香能析出焊锡丝中的氧化物，保护焊锡丝不被氧化，增加焊锡丝的流动性。在焊接直插元器件时，若元器件生锈，则要先将其刮亮，放到松香上用电烙铁烫一下，再镀锡。而在焊接贴片元器件时，松香除了有助焊作用，还可以配合铜丝作为吸锡带用。

**2）放大镜**

对于一些引脚特别细小、密集的贴片元器件，焊接完之后，需要检查其引脚是否焊接正常，有无短路现象。此时用人眼检查是很费力的，可以用放大镜查看每个引脚的焊接情况。

**3）酒精**

在使用松香作为助焊剂时，很容易在印制电路板上留下多余的松香。这时可以用酒精棉球擦除印制电路板上的残留松香。

**4）其他常用工具**

除以上 3 种工具外，手动焊接贴片元器件还常使用海绵、洗板水、硬毛刷、胶水等工具。

### 2. 表面贴装手动焊接步骤

**1）清洁和固定印制电路板**

在焊接前，应对要焊接的印制电路板进行检查，确保其干净。对印制电路板上面的油性手印以及氧化物等要进行清除，使其不影响镀锡。手动焊接印制电路板时，可以用焊台固定，也可用手固定，但要避免手指接触印制电路板上的焊盘影响镀锡。一块干净的印制电路板如图 3.39 所示。

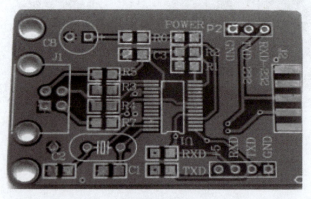

**图 3.39　一块干净的印制电路板**

**2）固定贴片元器件**

根据贴片元器件引脚的数量，固定方法可以分为以下两种。

（1）单脚固定法。对于引脚数量少（2~5 个）的贴片元器件，如电阻、电容、二极管、晶体管等，先在印制电路板上对一个焊盘镀锡，然后左手拿镊子夹持元器件，将其放到正确的安装位置并轻抵住印制电路板，右手拿电烙铁靠近已镀锡的焊盘，熔化焊锡丝将该引脚焊好，具体方法如图 3.40、图 3.41 所示。

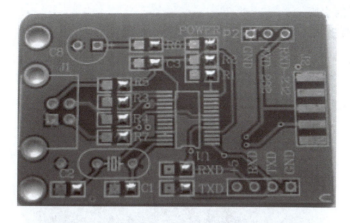

图 3.40　对引脚数量少的贴片元器件进行单脚镀锡

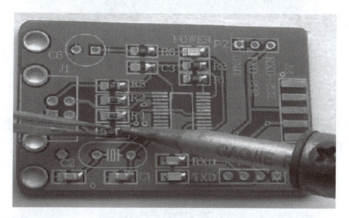

图 3.41　对引脚数量少的贴片元器件进行固定焊接

（2）多脚固定法。对于引脚数量多且多面分布的贴片元器件，一般可以采用引脚固定的方法。先焊接固定一个引脚，再焊接固定其对面的引脚，从而固定整个元器件。元器件的引脚一定要判断正确，对于引脚数量多且密集的贴片元器件，精准的、引脚对齐的焊盘尤其重要，因为焊接质量的好坏都是由其决定的，具体方法如图 3.42 所示。

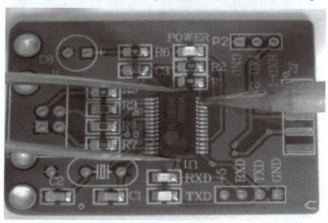

图 3.42　对引脚数量多的贴片元器件进行对脚或多脚固定焊接

3）焊接剩下的引脚

（1）对于引脚数量少的贴片元器件，可左手拿焊锡丝，右手拿电烙铁，依次点焊。

（2）对于引脚数量多且密集的贴片元器件，除了点焊，还可以采取拖焊，即在元器件一侧的引脚上蘸取适量焊锡，然后利用电烙铁将焊锡丝熔化，并往该侧剩余的引脚上抹去，熔化的焊锡丝可以流动，具体方法如图 3.43 所示。

图 3.43　对引脚数量较多的贴片元器件进行拖焊

无论是点焊还是拖焊，都很容易造成相邻的引脚被锡短路。这点不用担心，可以使用热风枪进行修复，需要关心的是所有的引脚都应与焊盘很好地连接在一起，没有虚焊，如图 3.44 所示。

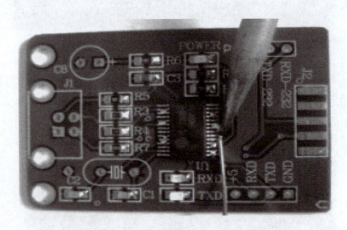

图 3.44　不用担心焊接时造成的引脚短路

4）清除多余的焊锡

（1）如果焊接过程中引脚短路，可以用吸锡带将多余的焊锡吸掉，如图 3.45 所示。

（2）吸锡带的使用方法。向吸锡带中加入适量助焊剂（如松香），然后紧贴焊盘，将干净的烙铁头放在吸锡带上，待吸锡带被加热到能熔化焊盘上将被吸附的焊锡后，慢慢地从焊盘的一端向另一端轻压拖拉，焊锡即被吸进带中。

应当注意的是，吸锡结束后，应将烙铁头与吸上了焊锡的吸锡带同时撤离焊盘，此时如果吸锡带黏在焊盘上，千万不要用力拉吸锡带，应向吸锡带上加助焊剂或重新用烙铁头加热后，再轻拉吸锡带，使其顺利脱离焊盘，并且防止烫坏周围元器件。

（3）自制吸锡带。如果没有专用吸锡带，可以采用电线中的细铜丝来自制吸锡带。将电线的绝缘层剥去之后，露出其里面的细铜丝，此时用电烙铁熔化一些松香在铜丝上就可以了。

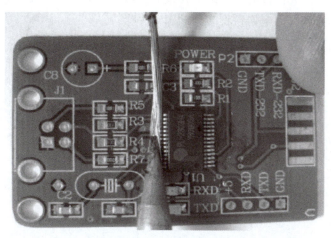

**图 3.45  用自制的吸锡带吸去贴片元器件引脚上多余的焊锡**

如果对焊接结果不满意，可以重复使用吸锡带清除焊锡，再次焊接元器件。

5）清洗焊接的地方

由于使用松香助焊和吸锡带吸锡，印制电路板上贴片元器件引脚的周围残留了一些松香，此时可以用洗板水清洗，也可以采用酒精清洗，如图 3.46 所示。清洗时可以用棉签，也可以用镊子夹着卫生纸清洗。清洗时应该注意，酒精要适量，应采用浓度较高的酒精进行擦除，以便快速溶解松香等残留物。擦除的力度要控制好，不能太大，以免擦伤阻焊层，以及伤到元器件引脚。

清洗完后，可以用电烙铁或热风枪对擦洗位置适当加热，让残余酒精快速挥发。

**图 3.46  用酒精擦除焊接时残留的松香**

### 3. 总结

综上所述，表面贴装手动焊接步骤大致分为固定、焊接、清理。

其中，元器件的固定是焊接质量好坏的前提，焊接时一定要有耐心，确保每个引脚和其所对应的焊盘对位精确。

在焊接多引脚贴片元器件时，如果引脚被焊锡短路，可以用吸锡带进行吸焊，或者利用焊锡熔化后流动的原理，用电烙铁将多余的焊锡去除。

**请完成学生工单 16**

# 项目 4

# 整机装配工艺及调试

▶▶

## 知识目标

1. 了解整机装配的内容；
2. 掌握整机装配的方式；
3. 掌握整机调试的方法。

## 能力目标

能够熟练掌握整机装配的工艺流程。

## 思政目标

通过思政案例讲解，介绍了金线键合工艺，一方面让学生了解手动焊接的前沿技术及"高精尖"手动锡焊的魅力，激发学生学习手动焊接的兴趣；另一方面让学生为我国有能力掌握这些高精尖技术、独立开发设计这些高科技产品而感到自豪。通过介绍顾春燕掌握金线键合工艺并不是一蹴而就的，而是通过艰苦的反复练习习得的，让学生了解"不积跬步，无以至千里"的人生哲理，弘扬艰苦奋斗的优良作风。通过顾春燕从毕业至今一直在中国电子科技集团公司第十四研究所（简称中国电科十四所）的岗位上敬业奉献的故事，引导学生切实践行社会主义核心价值观。

## 思政案例

用比头发丝还细的金线，将芯片与外部电路连通，这种工艺被称为金线键合。今天的大国工匠，我们来认识一位女工艺师——顾春燕，她用自己的一双巧手，串连起我国最尖端雷达的核心。

一克黄金，拉出直径为 10 μm、长为 661 m 的金线，这根金线的直径大概是一根头发丝直径的 1/8。这种对键合金线的极致要求来自最尖端的太赫兹雷达，而顾春燕需要把不可能变成可能。

2007年，刚到中国电科十四所上班的顾春燕领到了一把编号为1的小镊子，她和9个同事开始组装中国第一台星载相控阵雷达中的上千个组件。

2014年春天，高分三号卫星的研制进入关键阶段，在每平方厘米的收发组件上，装配密度超过了一万个点，顾春燕创造性地将劈刀打薄并旋转90°安装，将芯片倾斜15°后顺利键合。然而，大家在整机测试时发现，雷达信号比预计的要微弱。

改制芯片起码需要半年，这会极大拖延研制进度，只有再次通过键合工序，将已经连好的几千条线条中的一条割断，连接到另一个器件上，一旦割错或割伤其他线条，芯片就会立刻报废。

这是一场雷达的"心脏搭桥手术"，顾春燕把现场15 μm的硬质针头用酸微腐蚀方法变细，作为自己的"手术刀"。几分钟后，她成功了。

2016年8月，搭载着"超级透视眼"的高分三号卫星成功发射。作为中国电科十四所微组装首席技能专家，顾春燕担负起了所有研制性产品的首件全流程作业任务。从航母和驱逐舰上的"海之星"，到新一代战机火控雷达，一枚枚中华神盾捍卫着祖国的国防安全，一双双战鹰之眼在顾春燕的手中睁开。

# 任务1　整机装配工艺

## 1.1　整机装配的内容

整机装配包括机械装联和电气装联两部分。具体来说，整机装配就是将各零部件、整件（如各机电元件、印制电路板、底座、面板以及在它们上面的元器件）按照设计要求，安装在整机不同的位置，组合成一个整体，再用导线（或线扎）将元器件、部件进行电气连接，完成一个具有一定功能的完整机器，以便进行整机调整和测试。整机装配工艺流程如图4.1所示。

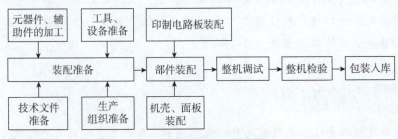

**图4.1　整机装配工艺流程**

## 1.2　整机装配的方式

按照整机结构，整机装配的方式可分为整机装配和组合件装配两种。整机装配是把零部件、整件通过各种连接方式安装在一起，组合成一个不可分割的整体，具有独立工作的功能，如收音机、电视机等。对于组合件装配，整机是若干个组合件的组合体，每个组合件都具有一定的功能，而且随时可以拆卸，如大型电气操作控制台等。

## 1.3 整机装配的目的和原则

整机装配的目的是利用合理的安装工艺，实现预定的各项技术指标。

整机装配的原则是先轻后重、先铆后装、先里后外、先高后低、先小后大、易碎后装，上道工序不得影响下道工序的安装。

# 任务 2 整机调试

## 2.1 调试设备

常规电子产品的调试可配置下列仪器设备。

（1）信号源。

（2）万用表。

（3）示波器。

（4）可调稳压电源。

（5）其他仪器设备，如扫描仪、频谱分析仪、集中参数测试仪等。

## 2.2 调试内容

具体来说，调试工作的内容有以下几个方面。

（1）明确电子产品调试的目的和要求。

（2）正确合理地选择和使用测试仪器仪表。

（3）按照调试工艺对电子产品进行调整和测试。

（4）运用电路和元器件的基础理论知识去分析和排除调试中出现的故障。

（5）对调试数据进行分析和处理。

（6）编写调试工作总结，提出改进意见。

## 2.3 调试程序

电子产品的调试程序一般包括以下几步。

（1）通电检查。

（2）电源调试。

（3）分级分板调试。

（4）整机调整。

（5）整机性能指标测试。

（6）环境试验。

（7）整机通电老化。

（8）参数复调。

## 2.4 调试方法

电子仪器设备的调试方法包括观察法、测量电阻法、测量电压法、替代法、波形观察法和信号注入法这 6 种。

### 1. 观察法

在不通电的情况下，仪器设备面板上的开关、旋钮、刻度盘、插口、接线柱、探测器、指示电表和显示装置、电源插线、熔丝管插塞等，都可以用观察法来判断有无故障。对仪器的内部元器件、零部件、插座、电路连线、电源变压器、排气风扇等，也可以用观察法来判断有无故障。观察元器件有无烧焦、变色、漏液、发霉、击穿、松脱、开焊、短线等现象，一经发现，应立即予以排除，通常这样就能修复设备的常见问题。

设备通电时，可采用逐步加压法，使用调压器来供电，其测试电路的接法示意如图 4.2 所示。

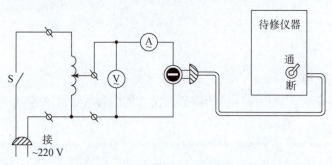

图 4.2 用逐步加压法测试电路的接法示意

### 2. 测量电阻法

在设备不通电的情况下，可利用万用表的电阻挡对设备进行检查，以确定故障范围和元器件是否损坏。

对电路中的晶体管、场效应管、电解电容、插件、开关、电阻、印制电路板的铜箔、连线等，都可以用测量电阻法进行判断。在维修时，先采用测量电阻法，对有疑问的电路元器件进行电阻检测，可以直接发现损坏和变质的元器件，对元器件和导线虚焊等故障的检查也是一个有效的方法。

采用测量电阻法时，可以用指针万用表的"R×1"挡检测通路电阻，必要时应将被测点用小刀刮干净后再进行检测，以防止因接触电阻过大造成错误判断。

采用测量电阻法时，应注意以下几点。

（1）不能在仪器设备接通电源时检测各种电阻。

（2）检测电容时，应先对其进行放电，然后脱开电容的一端，再进行检测。

（3）测量电阻元件时，若电阻和其他电路连通，则应脱开被测电阻的一端，然后进行检测。

（4）对于电解电容和晶体管的检测，应注意测试表笔（棒）的极性，不能搞错。

（5）万用表电阻挡的挡位选用要适当，否则不但检测结果不正确，而且可能会损坏被测元器件。

### 3. 测量电压法

测量电压法是通过测量被修仪器设备的各部分电压，并将其与设备正常运行时的电压进行对照，来找出故障所在部位的一种方法。

检查电子仪器设备的交流供电电源电压和内部的直流电源电压是否正常，是分析故障原因的基础。在检修电子仪器设备时，应先测量电源电压，此时往往会发现问题，查出故障所在部位。

若已确定电路故障的部位，还需要进一步测量该电路中的晶体管、集成电路等各引脚的工作电压，或者测量电路中主要节点的电压，观察数据是否正常，这对于发现故障和分析故障原因均极有帮助。因此，当被修仪器设备的技术说明书中附有电路工作电压数据表、电子器件的引脚对地电压、电路上重要节点的电压等维修资料时，应先采用测量电压法进行检测。

对于电路中电流的测量，通常也可以测量被测电流所流过的电阻两端的电压，然后借助欧姆定律进行间接推算。

### 4. 替代法

替代法又称试换法，是对可疑的元器件、零部件、插板、插件乃至机器采用同类型的部件替换，从而查找故障的方法。

在检修电子仪器设备时，如果怀疑某个元器件有问题，但又不能通过检测给出明确的判断，那么就可以使用与被怀疑元器件同型号的元器件来暂时替代有疑问的元器件。若设备的故障现象消失，则说明被替代的元器件有问题。若替换的是某一个部件或某一块印制电路板，则需要再进一步检查，以确定故障的原因和元器件。替换法对于缩小检测范围和确定元器件的好坏很有效果，特别是对于结构复杂的电子仪器设备进行检查时最为有效。

替换法在下列条件下适用。

（1）有备份件。

（2）有同类型的仪器设备。

（3）有与机内结构完全一样的零部件。

用替代法检查的直接目的在于缩小故障部位的查找范围，也可以立即确定有故障的元器件。

在进行元器件替代后，若故障现象仍然存在，则说明问题不在被替代的元器件或单元部件上，用这种方法也能够确定某个元器件或某个部件功能是否完好。

在进行元器件的替代过程中，要切断仪器设备的电源，严禁带电操作。

### 5. 波形观察法

对于直流状态正常而交流状态不正常的电子设备，可以用示波器来直接观察被测量点的交流信号波形的形状、幅度和周期，以此来判断电路中各元器件是否损坏和变质。

用测量电压法只能检测电路的静态功能是否正常，而用波形观察法则能检查电路的动态功能是否正常。用波形观察法检查振荡电路时，不需外加任何信号，而检查放大、整形、变频、调制、检波等有源电路时，则需要把信号源的标准信号反馈至电路的输入端。波形观察法对于检查多级放大器的增益下降、波形失真，以及检查振荡电路、变频电路、调制电路、检波电路以及脉冲数字电路十分有效。

扫频仪是一种将信号发生器与示波器相结合的测试仪器，用扫频仪可直观地观测到被测电路的频率特性曲线，因此其是调整电路，使被测电路的频率特性符合规定要求。用扫频仪来观察频率特性也属于波形观察法。扫频仪除了可以用来观测电路的频率特性曲线，还可以用来测量电路的增益，是视频设备维修中最重要的仪器之一。音频宽带扫频仪如图4.3所示。

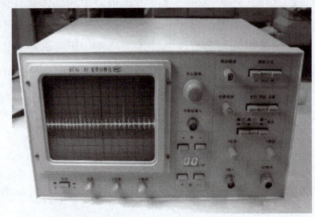

图 4.3  音频宽带扫频仪

### 6. 信号注入法

信号注入法是将各种信号逐步注入仪器设备可能存在故障的有关电路，然后利用仪器设备自身的指示器或外接示波器、电压表等仪器设备，测出输出的波形或输出电压，从而判断各级电路是否正常的一种检查方法。

用信号注入法检测故障时，有以下两种检查方法。

（1）顺向寻找法，即把电信号加在电路的输入端，然后利用示波器或电压表测量各级电路的输出波形和输出电压，从而判断出故障所在部位。

（2）逆向检查法，即利用被修电子仪器设备的终端指示器，或者把示波器、电压表接在输出端，然后自电路的末级向前逐级加电信号，从而查出故障所在部位。

在检查故障的过程中，有时只用其中一种方法不能解决问题，要根据具体情况交替使用不同的方法。无论采用哪种方法，都应遵循以下的顺序原则：先外后内、先粗后细、先易后难、先常见后稀少。

**请完成学生工单 17**

# 项目 5

# 电子产品整机的装配与调试实训案例

## 知识目标

1. 掌握元器件质量的检测方法；
2. 掌握元器件的安装和焊接方法；
3. 掌握电子产品整机的安装、焊接和调试方法。

## 能力目标

能够熟练完成电子产品整机的装配与调试。

## 思政目标

通过思政案例分析，鼓励学生在实训中追求精雕细琢、精益求精、超越自我的工匠精神。在工艺方面，要求学生在进行电路连接时，尽量做到横平竖直，导线之间不能相互交叉，导线与元器件的引脚连接要焊牢，不损坏导线的绝缘层，不同元器件离印制电路板的距离也要符合规定。引导学生深刻体会大国工匠精神、责任意识对产品的重要性，在课程中引导学生以李万君同志作为自己的人生榜样，尽早做好职业规划，照亮前行道路，刻苦、认真地学习专业课程知识，坚持高标准、严要求，努力做到精益求精，这样才能不断进步。

## 思政案例

2022 年 9 月 2 日，中车长春轨道客车股份有限公司电焊工、"大国工匠"李万君在参加首届大国工匠论坛的巾帼工匠分论坛时，与同为"大国工匠"的电焊"花木兰"易冉探讨了创建"联盟"的计划。

李万君是一名在轨道客车转向架焊接岗位上工作了 32 年的技工，他在 2005 年全国焊工技能大赛中荣获焊接试样外观第一名，2011 年荣获中华技能大奖。

凭着持续积累的丰富经验和不断磨炼的高超技艺，李万君积极研发在国内尚处于空白状态的几十种铁路客车、城铁车转向架焊接规范及操作方法，先后进行100余项技术攻关，填补了我国氩弧焊焊接转向架环口的空白。

"未来，我国高铁技术的发展，必将对生产高铁的各项工艺提出更高要求。"李万君认为，百尺竿头更进一步，各行各业的工匠们需要强强联合，在技术攻关、人才培养等方面形成优势互补，成果共享，合作共赢。

此次参加首届大国工匠论坛，和焊接领域其他"大国工匠"互相交流、学习，李万君拓宽了工作思路，他希望各级部门加快步伐，形成国家、省、市和企业级劳模和工匠人才创新工作室联盟，进一步整合资源，充分发挥团队优势、集成优势，把劳模工匠人才培养、高技能人才队伍建设、产学研结合、重大项目攻关推向更高层次和崭新阶段，助力企业发展向全行业、全领域拓展和提升。

# 任务 1　超外差式收音机的装配与调试实训

### 1. 实训目的

本任务通过对一台超外差式收音机的安装、焊接和调试，使学生了解电子产品的装配过程，掌握电子元器件的识别方法和质量检验标准，了解整机的装配工艺，培养实践技能。

### 2. 实训要求

（1）会分析超外差式收音机的电路原理图。

（2）对照超外差式收音机电路原理图，能看懂其印制电路板图和接线图。

（3）认识超外差式收音机电路图上的各种元器件的图形符号，并能与实物对照。

（4）会测试各元器件的主要参数。

（5）能认真、细心地按照工艺要求进行产品的安装和焊接。

（6）能按照技术指标对产品进行调试。

### 3. 实训前准备

超外差式收音机的电路原理图如图 5.1 所示。

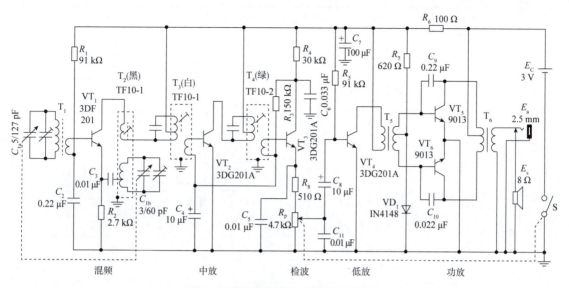

**图 5.1　超外差式收音机的电路原理图**

超外差式收音机的元器件清单如表 5.1 所示。

**表 5.1　超外差式收音机的元器件清单**

| 序号 | 代号与名称 | | 规格 | 数量 | 序号 | 代号与名称 | 规格 | 数量 |
|---|---|---|---|---|---|---|---|---|
| 1 | 电阻 | $R_1$ | 91 kΩ（或 82 kΩ） | 1 | 19 | $T_1$ | 磁棒线圈 | 1 |
| 2 | | $R_2$ | 2.7 kΩ | 1 | 20 | $T_2$ | 本振线圈（黑） | 1 |
| 3 | | $R_3$ | 150 kΩ（或 110 kΩ） | 1 | 21 | $T_3$ | 中周（白） | 1 |
| 4 | | $R_4$ | 30 kΩ | 1 | 22 | $T_4$ | 中周（绿） | 1 |
| 5 | | $R_5$ | 91 kΩ | 1 | 23 | $T_5$ | 输入变压器 | 1 |
| 6 | | $R_6$ | 100 Ω | 1 | 24 | $T_6$ | 输出变压器 | 1 |
| 7 | | $R_7$ | 620 Ω | 1 | 25 | 带开关电位器 | 4.7 kΩ | 1 |
| 8 | | $R_8$ | 510 Ω | 1 | 26 | 耳机插座（GK） | $\phi$2.5 mm | 1 |

| 序号 | 代号与名称 | | 规格 | 数量 | 序号 | 代号与名称 | 规格 | 数量 |
|---|---|---|---|---|---|---|---|---|
| 9 | | $C_1$ | 双联电容 | 1 | 27 | 磁棒 | 55×13×5 | 1 |
| 10 | | $C_2$ | 瓷介 223（0.22 μF） | 1 | 28 | 磁棒架 | — | 1 |
| 11 | | $C_3$ | 瓷介 103（0.01 μF） | 1 | 29 | 频率盘 | $\phi$37 mm | 1 |
| 12 | | $C_4$ | 电解 4.7~10 μF | 1 | 30 | 拎带 | 黑色（环） | 1 |
| 13 | 电容 | $C_5$ | 瓷介 103（0.01 μF） | 1 | 31 | 透镜（刻度盘） | — | 1 |
| 14 | | $C_6$ | 瓷介 333（0.033 μF） | 1 | 32 | 电位器盘 | $\phi$20 mm | 1 |
| 15 | | $C_7$ | 电解 47~100 μF | 1 | 33 | 导线 | — | 6 |
| 16 | | $C_8$ | 电解 4.7~10 μF | 1 | 34 | 正、负极片 | — | 各 2 |
| 17 | | $C_9$ | 瓷片电容 102 | 1 | — | — | — | — |
| 18 | | $C_{10}$ | 瓷片电容 103 | 1 | — | — | — | — |

### 4. 实训过程

1）超外差式收音机的安装

（1）用指针万用表检测超外差式收音机各个元器件。

用指针万用表检测元器件的参数如表 5.2 所示，将测量结果填入实习报告。注意，$VT_5$、$VT_6$ 的 hFE 相差应不大于 20%，学生可相互调整，使管子性能配对。

表 5.2 用指针万用表检测元器件的参数

| 类别 | 测量内容 | 指针万用表的功能及量程 | 禁止用量程 |
|---|---|---|---|
| R | 电阻值 | — | — |
| VT | hEF（$VT_5$、$VT_6$ 配对） | R×10, hEF | ×1, ×1k |
| B | 绕组，电阻，绕组与壳绝缘 | R×1 | — |
| C | 绝缘电阻 | R×1k | — |
| 电解 CD | 电解电容 | R×1k | — |

（2）用指针万用表检测输出、输入变压器绕组的内阻，如表 5.3 所示。

表 5.3 变压器绕组的内阻测量

| 工具 | $T_2$（黑）本振线圈 | $T_3$（白）中周 1 | $T_4$（绿）中周 2 |
|---|---|---|---|
| 万用表挡位 | | | |

| 工具 | T₅（绿或白）输入变压器 | T₆（黄或粉）输出变压器 |
|---|---|---|
| 万用表挡位 | | |

（3）对元器件的引线进行镀锡处理。

（4）检查印制电路板的铜箔线条是否完好。

（5）安装元器件。

元器件的安装质量及顺序将直接影响整机的质量。表 5.4 所示的元器件的安装顺序及要点经过了实践检验，是一种较好的安装方法。注意，安装元器件时，所有元器件的高度不得高于中周的高度。

**表 5.4　元器件的安装顺序及要点（分类安装）**

| 序号 | 内容 | 注意要点 |
|---|---|---|
| 1 | 安装 T₂、T₃、T₄ | |
| 2 | 安装 T₅、T₆ | |
| 3 | 安装 VT₁～VT₆ | |
| 4 | 安装全部电阻 | |
| 5 | 安装除双联电容外的全部电容 | |
| 6 | 安装双联电容、电位器及磁棒架 | |

2）超外差式收音机的检测和调试

学生通过对自己组装的超外差式收音机进行通电检测调试，可以了解一般电子产品的生产调试过程，初步学习调试电子产品的方法。

超外差式收音机的检测调试步骤如图 5.2 所示。

（1）通电前的检测工作。

①学生可对其他人安装好的收音机进行互检，检查焊接质量是否达到要求，特别注意检查各电阻的阻值是否与图 5.1 所示位置相同，各晶体管和二极管是否有极性焊错的情况。

②收音机在接入电源前，必须检查电源有无输出电压（3 V），引出线的正、负极是否正确。

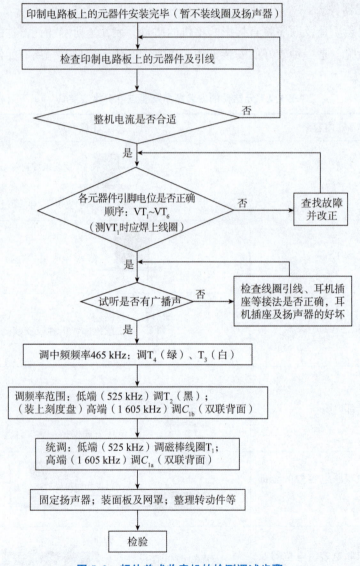

图 5.2　超外差式收音机的检测调试步骤

（2）试听。

如果元器件质量完好，安装也正确，初测结果正常，即可进行试听。将超外差式收音机接通电源，慢慢转动调谐盘，应能听到广播声。若不能，则应重复前面做过的各项检查，找出故障并改正，注意在此过程中不要调中周及微调电容。

（3）超外差式收音机的调试。

超外差式收音机经过通电检查并正常发声后，可以进行调试工作。

①调中频频率（俗称调中周）。

目的：将各中周的谐振频率调整到固定的中频频率（465 kHz）上。

方法：将信号发生器（XGD-A）的频率选择置于中波位置，频率指针放在 465 kHz 位置上；打开超外差式收音机开关，将频率盘放在频率指示的最低位置 530 kHz 附近，将超外差式收音机靠近信号发生器。用螺丝刀按顺序微调 $T_4$ 和 $T_3$ 的磁芯，使收音机收到的信号最强；这样反复微调 $T_4$ 和 $T_3$ 的磁芯 2～3 次，使收音机的信号最强。调中周时的可调元器件位置如图 5.3 所示。

确认收音机信号最强的方法有两种：一是使扬声器发出的声音（1 kHz）达到最大为止，此时可把音量调到最小；二是测量 $R_p$ 两端或 $R_8$ 对地的直流电压，使电压表的指示最大为止，此时可把音量调到最小。

**图 5.3　调中周时的可调元器件位置**

②调整超外差式收音机的频率范围（通常称为调频率复盖或对刻度）。

目的：双联电容从全部旋入到全部旋出时，超外差式收音机所接收的频率范围恰好是整个中波波段，即 525～1 605 kHz。

方法：先进行低端频率的调整，即将信号发生器调至 525 kHz，将超外差式收音机的频率盘调至 530 kHz 位置上，此时调整 $T_2$，使收音机的信号声出现并最强；再进行高端频率的调整，即将信号发生器调到 1 600 kHz，将超外差式收音机频率盘调到 1 600 kHz 位置上，调 $C_{1b}$，使收音机的信号声出现并最强；按上述步骤反复调整 2～3 次，使超外差式收音机接收的信号最强。

③统调（调超外差式收音机的灵敏度和跟踪调整）。

目的：使超外差式收音机的振荡频率始终比输入回路的谐振频率高出一个固定的中频频率 465 kHz。

方法：先进行低端频率调整，即将信号发生器调至 600 kHz，将超外差式收音机的频率盘调至 600 kHz，调整线圈 $T_1$ 在磁棒上的位置，使超外差式收音机接收的信号最强，一般线圈的位置应靠近磁棒的右端；再进行高端频率调整，即将信号发生器调至 1 500 kHz，将超外差式收音机的频率盘调至 1 500 kHz，调 $C_{1a}$，使超外差式收音机在高端接收的信号最强；按上述步骤反复调 2~3 次，调完后即可用蜡将线圈固定在磁棒上。

（4）超外差式收音机产品的验收。

要按产品出厂的要求进行验收，具体要求如下。

①外观：机壳及频率盘清洁完整，不得有划伤、烫伤及缺损。

②印制电路板安装整齐美观，焊接质量好，无损伤。

③导线焊接要可靠，不得有虚焊，特别是导线与正、负极片间的焊接位置和焊接质量要好。

④整机安装合格，转动部分灵活，固定部分可靠，后盖松紧合适。

⑤性能指标要求：频率范围为 525 ~ 1 605 kHz；灵敏度较高；音质清晰、洪亮、噪音低。

3）收音机故障维修

（1）维修基本方法。

①信号注入法。收音机是一个信号捕捉、处理、放大的系统，通过注入信号，可以判定故障位置。将指针万用表调至"R×10"挡，红表笔接电源负极（地），黑表笔触碰信号放大器输入端（一般为晶体管基极），此时扬声器发出"咯咯"声。用手握住螺丝刀金属部分去碰信号放大器输入端，听扬声器发出的声音，此法简单易行，但相应信号微弱，不经晶体管放大则听不到声音。

②电位测量法。用万用表测各级放大管的工作电压，可具体判定造成故障的元器件。

③测量整机静态总电流法。将指针万用表置于直流"250 mA"电流挡，两表笔跨接于电源开关的两端，此时开关应置于断开位置，可测量整机的总电流。超外差式收音机的正常总电流为 10± 2 mA。

（2）故障位置的判断方法。

判断故障在低放之前还是低放之中（包括功放）的方法如下。

①接通电源开关，将音量电位器开至最大，扬声器没有发出任何声响，可以判定低放部分肯定有故障。

②判断低放之前的电路工作是否正常的方法如下：将音量减小，将指针万用表调至"0.5 V"直流电压挡，两表笔并联在音量电位器非中心端的两端上，一边从低端到高端拨动调谐盘，一边观察指针，若发现指针摆动，且在超外差式收音机正常工作时其摆动次数为数十次，即可断定低放之前的电路工作正常；若指针无摆动，则说明低放之前的电路中也有故障，这时仍应先解决低放中的问题，然后解决低放之前电路中的问题。

（3）完全无声故障的检修方法。

将音量电位器开至最大，将指针万用表调至"10 V"直流电压挡，黑表笔接地，红表笔分别接触音量电位器的中心端和非接地端（相当于输入干扰信号），可能出现以下 3 种情况。接触非接地端时，扬声器不发出"咯咯"声；接触中心端时，扬声器发出声音。这两种情况是由于音量电位器内部接触不良，可更换或修理以排除故障。还有一种情况是接触非接地端和中心端时，扬声器均不发出声音，下面重点介绍这种情况的检修方法。

①将指针万用表调至"R×10"挡，两表笔并联触碰扬声器导线，触碰时扬声器若有"咯咯"声，则说明其完好。

②将万用表调至电阻挡，两表笔点触 $T_6$ 二次线圈两端，扬声器若无"咯咯"声，则说明耳机插孔接触不良，或者扬声器的导线已断；若有"咯咯"声，则把两表笔接到 $T_6$ 一次线圈两端，这时扬声器若无"咯咯"声，则说明 $T_6$ 一次线圈有断线。

③将 $T_6$ 中心抽头处断开，测量集电极电流。若电流正常，则说明 $VT_5$ 和 $VT_6$ 工作正常，$T_5$ 二次线圈无断线。若电流为 0，则可能是 $R_7$ 断路或阻值变大，$VT_7$ 短路，$T_5$ 二次线圈断线，或者 $VT_5$ 和 $VT_6$ 损坏（同时损坏情况较少）。若电流比正常情况大，则可能是 $R_7$ 阻值变小，$VT_7$ 损坏，$VT_5$ 和 $VT_6$ 以及 $T_5$ 一、二次线圈短路，或者 $C_9$、$C_{10}$ 漏电或短路。

④测量 $VT_4$ 的直流工作状态。若无集电极电压，则 $T_5$ 一次线圈断线；若无基极电压，则 $R_5$ 开路；$C_8$ 和 $C_{11}$ 同时短路较少，$C_8$ 短路而音量电位器刚好处于最小音量处时，会造成基极对地短路。若红表笔触碰音量电位器中心端无声，碰触 $VT_4$ 基极有声，则说明 $C_8$ 开路或损坏。

⑤用干扰法触碰音量电位器的中心端和非接地端，扬声器均有声，则说明低放工作正常。

（4）无声故障的检修。

无声故障是指将音量电位器调至最大音量处，扬声器中有轻微的"沙沙"声，但调谐时收听不到电台。

①测量 $VT_3$ 的集电极电压，若无电压，则说明 $R_4$ 开路或 $C_6$ 短路；若电压不正常，检查 $T_4$ 是否良好。测量 $VT_3$ 的基极电压，若无电压，则可能 $R_3$ 开路（这时 $VT_2$ 的基极也无电压），或者 $T_4$ 二次线圈断线或 $C_4$ 短路。注意，此时 $VT_3$ 处于近似截止的工作状态，所以它的发射极电压很小，集电极电流也很小。

②测量 $VT_2$ 的集电极电压，若无电压，则说明 $T_4$ 一次线圈断线；若电压正常而干扰信号的注入在扬声器中不能引起声音，则说明 $T_4$ 一次线圈或二次线圈短路，或者槽路电容（200 pF）短路。

③测量 $VT_2$ 的基极电压，若无电压，则说明 $T_3$ 二次线圈断线或脱焊；若电压正常，但干扰信号的注入不能在扬声器中引起响声，则说明 $VT_2$ 损坏。电压正常时，扬声器有声。

④测量 $VT_1$ 的集电极电压，若无电压，则说明 $T_2$ 二次线圈、一次线圈断线；若电压正常，但扬声器中无声，则说明 $T_3$ 一次线圈或二次线圈短路，或者槽路电容短路。当中周内部线圈有短路故障时，由于其匝数较少，所以较难测出，可采用替代法加以证实。

⑤测量 $VT_1$ 的基极电压，若无电压，可能是 $R_1$ 或 $T_1$ 二次线圈开路，或者 $C_2$ 短路；若电压高于正常值，则说明 $VT_1$ 发射结开路；若电压正常，但扬声器无声，则 $VT_2$ 损坏。到此如果仍收听不到电台，可进行下面的检查。

将指针万用表置于"10 V"直流电压挡，两表笔分别接于 $R_2$ 的两端。用镊子将 $T_2$ 的一次线圈短接，观察电压是否减小（一般减小 $0.2 \sim 0.3$ V）。若电压不减小，则说明超外差式收音机振荡时没有起振，振荡耦合电容 $C_3$ 失效或开路，$C_2$ 短路（$VT_1$ 发射极无电压），$T_2$ 一次线圈内部断路或短路，双联电容质量不好；若电压减小得很少，则说明超外差式收音机振荡太弱，$T_2$ 和印制电路板受潮，双联电路漏电，微调电容质量不好，$VT_1$ 质量不好；若电压正常减小，可断定故障在输入回路，检查双联电容对地是否短路，电容质量如何，$T_1$ 一次线圈是否断线。到此时收音机应能收听到电台，可以进行整机调试。

**请完成学生工单 18**

# 任务 2　充电器和稳压电源两用电路的装配与调试实训

### 1. 实训目的

本任务通过制作充电器和稳压电源两用电路，让学生了解电子产品的生产制作全过程，训练学生的动手能力，培养学生的工程实践观念。

### 2. 实训要求

（1）认真分析充电器和稳压电源两用电路的电路原理图，说明每个元器件的名称和作用。

（2）对元器件认真检测，熟悉检测方法。

（3）绘制印制电路板图，要求元器件分布合理。

（4）按照安装工艺安装元器件。

（5）调试电路，使之达到设计指标。

### 3. 实训前准备

充电器和稳压电源两用电路的电路原理图如图 5.4 所示。

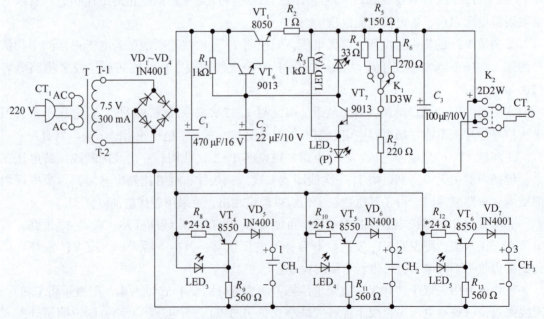

**图 5.4　充电器和稳压电源两用电路的电路原理图**

全部元器件在安装前必须进行测试检查，检查合格后再进行安装。

#### 4. 实训过程

1）元器件的安装和焊接

（1）印制电路板上的元器件的安装和焊接。

印制电路板上的元器件全部采用卧式安装，在安装中，要注意二极管、电阻、晶体管和电解电容的极性。元器件卧式安装的结果如图 5.5 所示，安装完成后可进行焊接。

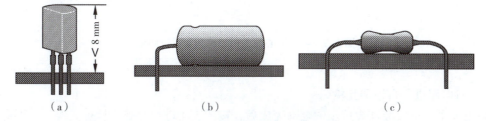

**图 5.5    元器件卧式安装的结果**

（a）晶体管；（b）电解电容；（c）二极管、电阻

发光二极管 $LED_1 \sim LED_5$ 的焊接高度和排线长度如图 5.6 所示。

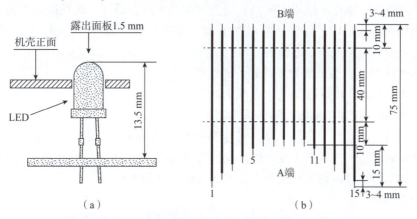

**图 5.6    发光二极管 $LED_1 \sim LED_5$ 的焊接高度和排线长度**

（a）安装高度；（b）排线长度

（2）焊接连接导线。

正极片和塔簧的焊接和安装方法如图 5.7 所示。电源线的接点用热缩套管进行绝缘，如图 5.8 所示。

**图 5.7    正极片和塔簧的焊接和安装方法**

（a）插入后再弯曲；（b）塔簧焊线位置

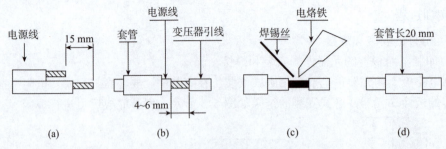

**图 5.8  电源线的接点用热缩套管进行绝缘**

(a) 下线；(b) 绞合；(c) 焊接；(d) 套上套管

2）对电路进行自检和互检

以上元器件的安装和焊接步骤全部完成后，按图 5.4 进行检查，检查无误后，再进行整机装配。

按下述步骤将印制电路板插入机壳。

（1）将焊接好的正极片先插入机壳的正极片插槽内，然后将其弯曲 90°。

注意：为防止电池片在使用中掉出，应注意焊线牢固，最好一次性插入机壳。

（2）将塔簧插入槽内，要保证焊点在上面。在插左、右两个塔簧前，应先将 $J_4$、$J_5$ 两根线焊接在塔簧上后插入相应的槽内。

（3）将变压器二次引出线放入机壳的固定槽内。

（4）用 M2.5 的自攻螺钉固定在 B 板的两端。

3）通电检查和技术指标的检测调试

（1）先进行目视检验。总装完毕，按电路原理图（图 5.4）及工艺要求检查整机安装情况，着重检查电源线、变压器连线、输出端连线及 A 和 B 两块印制电路板的连线是否正确、可靠，连线与印制电路板相邻导线及焊点有无短路及其他缺陷。

（2）通电检测。

①电压可调功能的检查。在图 5.10 中十字插头线输出端测输出电压（注意电压表极性），所测电压应与面板指示相对应。拨动开关 $K_1$，输出电压应相应变化（与面板标称值误差在 10% 以内为正常），并记录该值。

②极性转换功能的检查。按面板所示极性选择开关，检查电源输出电压的极性能否转换，应与面板所示位置相吻合。

③带负载能力的检查。用一个 47 Ω、2 W 以上的电位器作为负载，并联到直流电压输出端，串联指针万用表（置于直流"500 mA"挡）。调电位器，使输出电流为额定值 150 mA；用连接线替换指针万用表，测量此时的输出电压（注意换成电压挡）。将所测电压与（1）中所测电压比较，各挡电压下降幅度均应小于 0.3 V。

④过载保护功能的检查。将指针万用表置于直流"500 mA"挡并串联入电源负载电路，逐渐减小电位器阻值，充电器面板指示灯 LED 应逐渐变亮，电流逐渐增大到一定值（大于 500 mA）时不再增大，则保护电路起作用。当增大电位器阻值后指示灯 A 熄灭，恢复正常供电。

注意：过载时间不可过长，以免烧坏电位器。

⑤充电功能的检测。用指针万用表直流"250 mA"挡（或数字万用表"200 mA"挡）

作为充电负载代替被充电电池，LED$_3$～LED$_5$ 应按充电器面板指示位置相应点亮，电流值应为 60 mA（误差为 10% 以内）。注意，表笔不可接反，也不得接错位置，否则没有电流。

稳压电源和充电器的面板功能及充电功能的检测示意图如图 5.9 所示。

稳压电源和充电器两用电路的整机装配图如图 5.10 所示。

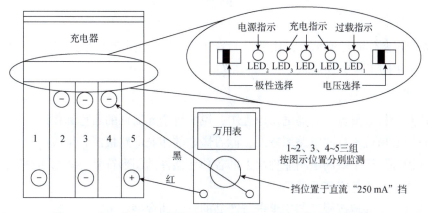

图 5.9　稳压电源和充电器的面板功能及充电功能的检测示意图

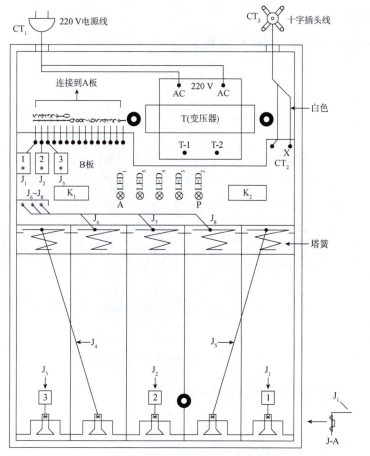

图 5.10　稳压电源和充电器两用电路的整机装配图

请完成学生工单 19

# 任务3　心形流水灯的装配与调试实训

### 1. 实训目的

本任务通过制作心形流水灯，让学生了解电子产品的生产制作全过程，训练学生的动手能力，培养学生的工程实践观念。

### 2. 实训要求

（1）认真分析心形流水灯的电路原理图，说明每个元器件的名称和作用。

（2）对照心形流水灯的电路原理图，能看懂它的印制电路板图和接线图。

（3）认识心形流水灯的电路原理图上的各种元器件的图形符号，并与实物对照。

（4）按照安装工艺安装元器件。

（5）认真、细心地按照工艺要求进行产品的安装和焊接。

（6）按照技术指标对产品进行调试。

### 3. 实训前准备

心形流水灯的电路原理图如图 5.11 所示。

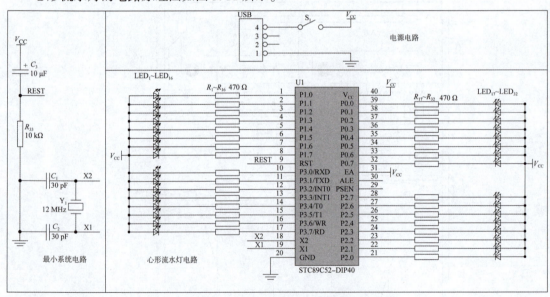

**图 5.11　心形流水灯的电路原理图**

心形流水灯的元器件清单如表 5.5 所示。

表 5.5    心形流水灯的元器件清单

| 序号 | 名称 | 规格 | 数量 |
|---|---|---|---|
| 1 | PCB | — | 1 |
| 2 | LED（红） | 5MM | 32 |
| 3 | 单片机底座 | DIP40 | 1 |
| 4 | 单片机 | AT89C52（烧写好程序） | 1 |
| 5 | 晶振 | 12 MHz | 1 |
| 6 | 瓷片电容 | 30 pF | 2 |
| 7 | 电解电容 | 10 μF | 1 |
| 8 | 电阻 | 10 kΩ | 1 |
| 9 | 电阻 | 0. 25 W/470 Ω | 32 |
| 10 | 电源座 | DC005 | 1 |
| 11 | 自锁开关 | 8×8 | 1 |
| 12 | 电源线 | USB 转 DC005 | 1 |

全部元器件在安装前必须进行测试检查，检查合格后再进行安装。

### 4. 实训过程

（1）所有元器件的安装遵循"先低后高，尽量贴紧印制电路板安装"的原则。

（2）所有电解电容、LED 均有正、负之分，安装时注意不要接反。

（3）本电路的供电范围为 4~5.5 V，可用手机充电器对其供电。

**请完成学生工单 20**

# 任务 4    智能循迹小车的装配与调试实训

### 1. 实训目的

本任务通过制作智能循迹小车电路，让学生了解电子产品的生产制作全过程，训练学生的动手能力，培养学生的工程实践观念。

### 2. 实训要求

（1）认真分析智能循迹小车的电路原理图，说明每个元器件的名称和作用。

（2）对照智能循迹小车的电路原理图，能看懂其印制电路板图和接线图。

（3）认识智能循迹小车的电路原理图上的各种元器件的图形符号，并与实物对照。

（4）按照安装工艺安装元器件。

（5）认真、细心地按照工艺要求进行产品的安装和焊接。

（6）按照技术指标对产品进行调试。

### 3. 实训前准备

智能循迹小车电路原理图如图 5.12 所示。

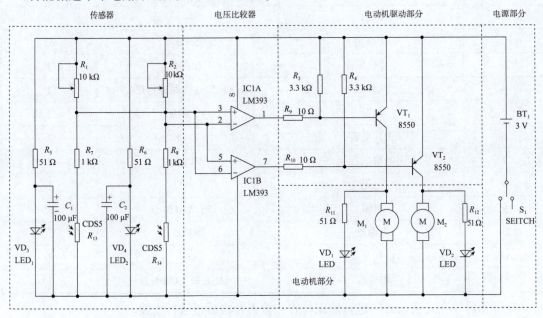

**图 5.12　智能循迹小车电路原理图**

智能循迹小车的元器件清单如表 5.6 所示。

**表 5.6　智能循迹小车的元器件清单**

| 序号 | 名称 | 规格 | 位号 | 数量 |
|---|---|---|---|---|
| 1 | 电压比较器 | LM393 | IC1 | 1 |
| 2 | 集成电路座 | 8 脚 | — | 1 |
| 3 | 电解电容 | 100 μF | $C_1$ | 1 |
|  |  | 100 μF | $C_2$ | 1 |
| 4 | 可调电阻 | 10 kΩ | $R_1$ | 1 |
|  |  | 10 kΩ | $R_2$ | 1 |
| 5 | 色环电阻 | 3.3 kΩ | $R_3$ | 1 |
|  |  | 3.3 kΩ | $R_4$ | 1 |
|  |  | 51 Ω | $R_5$ | 1 |
|  |  | 51 Ω | $R_6$ | 1 |
|  |  | 1 kΩ | $R_7$ | 1 |
|  |  | 1 kΩ | $R_8$ | 1 |
|  |  | 10 Ω | $R_9$ | 1 |
|  |  | 10 Ω | $R_{10}$ | 1 |
|  |  | 51 Ω | $R_{11}$ | 1 |
|  |  | 51 Ω | $R_{12}$ | 1 |

续表

| 序号 | 名称 | 规格 | 位号 | 数量 |
|------|------|------|------|------|
| 6 | 光敏电阻 | CDS5 | $R_{13}$ | 1 |
| | | CDS5 | $R_{14}$ | 1 |
| 7 | 3.0 发光二极管 | LED | $VD_1$ | 1 |
| | | LED | $VD_2$ | 1 |
| 8 | 5.0 发光二极管 | $LED_1$ | $VD_3$ | 1 |
| | | $LED_2$ | $VD_4$ | 1 |
| 9 | 晶体管 | 8550 | $VT_1$ | 1 |
| | | 8550 | $VT_2$ | 1 |
| 10 | 开关 | SEITCH | $S_1$ | 1 |

## 4. 实训过程

准备好循迹小车套件并打开说明书，如图 5.13 所示。

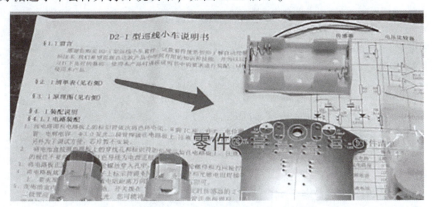

图 5.13　准备循迹小车套件

按照图 5.14 所示标识位置安装配件和主板。

图 5.14　安装配件和主板

把二极管插入对应的孔位，如图 5.15 所示。

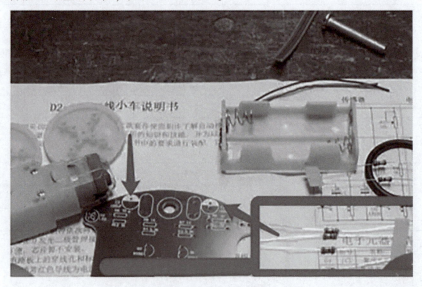

**图 5.15　安装二极管**

按照说明书指示安装好所有二极管和循迹指示灯，如图 5.16 所示。

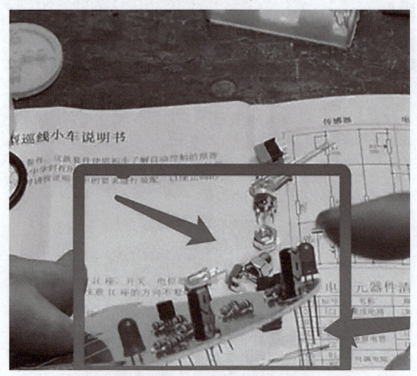

**图 5.16　安装其余二极管及循迹指示灯**

翻到主板背面，进行点焊，然后剪掉多余的线，如图 5.17 所示。

**图 5.17　点焊并剪线**

为小车安装电源，在电池盒背面粘上双面胶，如图 5.18 所示。

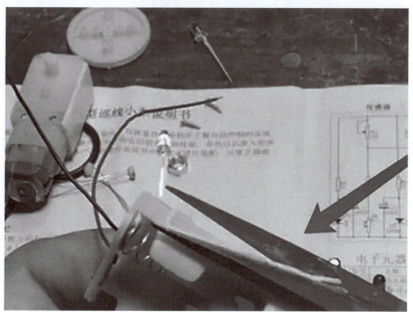

**图 5.18　安装电池盒**

为电池盒的电线点上焊锡，如图 5.19 所示。

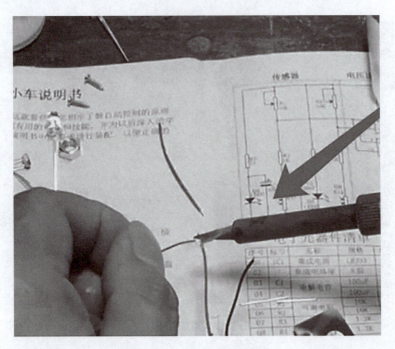

图 5.19　电池盒电线点上焊锡

连接主板电源时一定要看好正负极，不要连错，如图 5.20 所示。

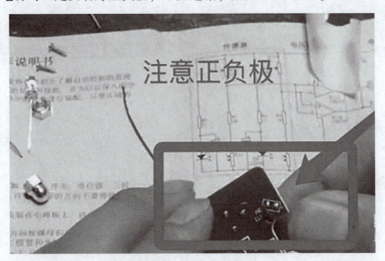

图 5.20　连接主板电源

在小车背面安装左右循迹探头，如图 5.21 所示。

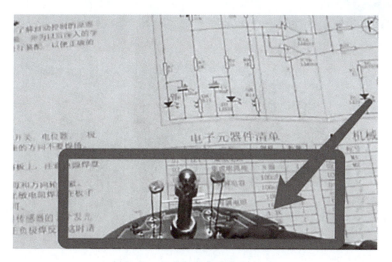

图 5.21　安装左右循迹探头

擦一下电机上方的银片，为电机上焊锡，如图 5.22 所示。

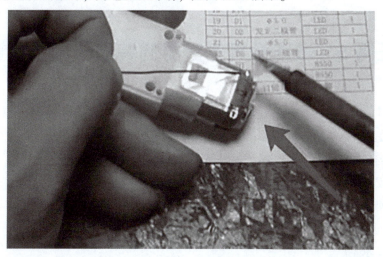

图 5.22　为电机上焊锡

然后连接好电机上的电线和左右轮子，电机是分左右的，如图 5.23 所示。

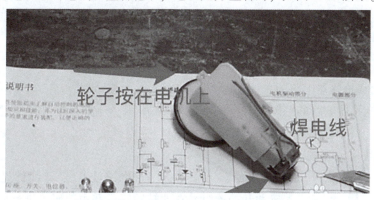

图 5.23　连接好电机上的电线和左右轮子

将电机连接主板后，智能循迹小车安装完成，如图 5.24 所示。

**图 5.24　完成智能循迹小车安装**

请完成学生工单 21

# 任务 5　多路竞赛抢答器的装配与调试实训

## 1. 实训目的

（1）掌握多路竞赛抢答器电路的设计思路，会制订设计方案。

（2）掌握数字电路的设计、组装与调试方法。

（3）熟悉中小规模集成电路的综合应用。

（4）通过电路的设计、组装和调试，培养学生综合分析问题的能力，提高学生工程实践的能力。

## 2. 实训要求

（1）完成设计任务，用中小规模集成电路设计并制作出多路竞赛抢答器电路。

（2）技术指标要求如下：多路竞赛抢答器电路要具有 8 组抢答功能，若任意一组抢答成功，则显示该组组号并伴有音乐提示，其他组则被封锁，不能完成抢答，直到主持人宣布重新开始抢答时，各组才可以进行下一次抢答。

## 3. 实训前准备

1）多路竞赛抢答器电路的总体设计方案

多路竞赛抢答器电路的总体设计框图如图 5.25 所示。电路由抢答器按键电路、8 线-3 线优先编码器、RS 锁存器、译码显示驱动电路、门控电路、"0"变"8"变号电路和音乐电路 7 个部分组成。

当主持人按下再松开"清除/开始"开关时，门控电路使 8 线-3 线优先编码器开始工作，等待数据输入，此时优先按动开关的组号立即被锁存，并由数码管进行显示，同时电路发出音乐信号，表示该组抢答成功。与此同时，门控电路输出信号，使 8 线-3 线优先编码器处于禁止工作状态，对新的输入数据不再接受。按照此设计方案设计的多路竞赛抢答器电路原理图如图 5.26 所示。

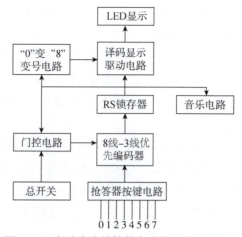

**图 5.25　多路竞赛抢答器电路的总体设计框图**

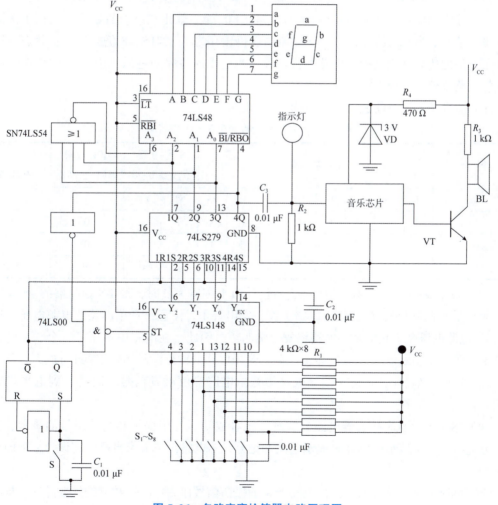

**图 5.26　多路竞赛抢答器电路原理图**

2）多路竞赛抢答器电路的工作过程

（1）此抢答器可同时供 8 名选手或 8 个代表队参加比赛，他们的编号分别是 1、2、3、4、5、6、7、8，用一个抢答器按键的编号与选手的编号相对应，分别是 $S_1$、$S_2$、$S_3$、$S_4$、$S_5$、$S_6$、$S_7$、$S_8$。给主持人设置一个控制开关 S，用来控制系统的清零（编号显示数码管）和抢答的开始。抢答器具有数据锁存和显示功能，抢答开始后，若有选手按下抢答器按键，编号立即锁存，并在 LED 数码管上显示选手的编号，同时扬声器给出音响提示。此外，要锁存插入电路，禁止其他选手抢答。优先抢答选手的编号一直保持到主持人将系统清零为止。

（2）当主持人控制开关处于清零位置时，RS 触发器的 R 端为低电平，输出端（4Q～1Q）全部为低电平。于是 74LS48 的输出为 0，显示器灭灯；74LS148 的选通输入端 ST＝0，74LS48 处于工作状态，此时锁存电路不工作。当主持人将开关拨到"开始"位置时，有限编码电路和锁存电路同时处于工作状态，即抢答器处于等待工作状态，等待输入端输入信号。当有选手将抢答器按键按下（如按下 $S_2$）时，74LS148 的输出 ＝ $\overline{Y_2Y_1Y_0}$ ＝101，$\overline{Y_{EX}}$ ＝0，74LS279 的输出 4Q3Q2Q＝010，1Q＝1，BI＝1，译码器 74LS48 工作，显示器显示选手的编号为 2。同时 74LS148 的输出为 1，Q＝1，74LS148 处于禁止状态，封锁了其他选手按键送出的抢答信号。当 $S_2$ 放开后，$Y_{EX}$ ＝1，但 1Q 仍锁存为 1，74LS148 仍处于禁止状态。这就保证了选手的优先性以及抢答电路的准确性。当选手回答完问题后，由主持人控制开关 S，使抢答电路复位，以便进行下一轮抢答。

多路竞赛抢答器电路的工作状态如表 5.7 所示。

表 5.7　多路竞赛抢答器电路的工作状态

| 门控电路 | | | RS 锁存器 | | | | | | | | 8线–3线优先编码器 | | BCD 七段译码/驱动器 | 数码管 |
|---|---|---|---|---|---|---|---|---|---|---|---|---|---|---|
| S | R | Q | 1R | 1S | 2R | 2S | 3R | 3S | 4R | 4S | ST | $Y_{EX}$ | — | |
| 0 | 1 | 0 | 0 | × | 0 | × | 0 | × | 0 | × | 1 | 1 | 0 | 灭 |
| 1 | 0 | 0 | 1 | 1 | 1 | 1 | 1 | 1 | 1 | 1 | 0 | 1 | 0 | 灭 |
| 1 | 0 | 1 | 1 | $Y_2$ | 1 | $Y_1$ | 1 | $Y_0$ | 1 | 1 | 1 | 0 | 1 | 显示 |

（3）当 8 线–3 线优先编码器的 $Y_{EX}$ 端信号由 1 翻转为 0 时，经 RS 锁存器的 4S 端输入后在 4Q 端出现高电平，触发音乐电路工作，发出音乐。注意，音乐电路的电源电压一般为 3 V，当电源电压高于此值时，电路将发出啸叫声。因此，在电路中选用了一个 3 V 的稳压管稳定电源电压，$R_4$ 为稳压管的限流电阻，音乐电路的输出经晶体管 VT 进行放大，驱动扬声器发出音乐，$R_2$、$C_3$ 组成的微分电路为音乐电路提供触发信号，同时起到电平隔离的作用。

（4）这个多路竞赛抢答器电路只实现了抢答成功后音乐提示和抢答组号的显示，功能还不够完善，还可以加上倒计时提示电路和记分显示电路，请大家自己研究设计，下面略加提示。

①倒计时提示电路可采用振荡电路产生的振荡信号作为加减计数器的计数脉冲，抢答开始时就进行预置时间，可以控制抢答电路的工作时间。

②记分显示电路可以用 3 位数码显示输出，采用加减计数器控制驱动电路，驱动 3 位数码管显示分数。

3）实训器材

（1）数字逻辑实验箱：1 台。

（2）数字万用表：1 只。

（3）多路竞赛抢答器的其他元器件清单如表 5.8 所示。

**表 5.8　多路竞赛抢答器的其他元器件清单**

| 序号 | 名称 | 规格 | 位号 | 数量 |
|---|---|---|---|---|
| 1 | 电阻 | RT-4K-5% | $R_1$ | 8 |
| | | RT-1K-5% | $R_2$、$R_3$ | 2 |
| | | RT-470-5% | $R_4$ | 1 |
| 2 | 集成芯片 | 74LS148 | — | 1 |
| | | 74LS279 | — | 1 |
| | | 74LS48 | — | 1 |
| 3 | 无极性电容 | 0. 01 μF | $C_1$、$C_2$、$C_3$ | 3 |
| 4 | 稳压二极管 | 3 V | VD | 1 |
| 5 | 共阴极七段 LED 显示器 | BS205 | — | 1 |
| 6 | 按钮开关 | 1A18 | S、$S_1$~$S_8$ | 9 |
| 7 | 扬声器 | 8 Ω/2 W | BL | 1 |
| 8 | 晶体管 | 9013 | VT | 1 |
| 9 | 音乐芯片 | KD-9300 | — | 1 |
| 10 | 四-二输入与非门 | 74LS00 | — | 1 |
| 11 | 二-四输入或非门 | SN74LS54 | — | 1 |
| 12 | 直流电源 | 5 V | | 1 |

## 4. 实训过程

（1）复习有关数字电路的基本知识。

（2）查找编码电路、锁存器、译码或驱动器等集成电路的有关资料，熟悉其内部组成和外围电路的接法。

（3）熟悉和掌握多路竞赛抢答器电路的设计思路，分析和理解整个电路的工作原理，熟悉电路的测量方法。

（4）根据电路图安装电路，检查无误后，通电进行检测。在各个集成电路正常工作后，进行模拟抢答比赛，查看数码管的显示是否正常，音乐电路是否正常工作。

（5）电路的基本功能实现后，再进行电路功能的扩展设计，并进行电路的安装和实验。

**请完成学生工单 22**

# 参 考 文 献

［1］邱勇进. 电子产品装配与调试［M］. 2 版. 北京：机械工业出版社，2018.

［2］李宗宝. 电子产品生产工艺［M］. 北京：机械工业出版社，2017.

［3］河南省职业技术教育教学研究室. 电子产品装配与调试［M］. 北京：电子工业出版
社，2013.

# 电子产品装配与调试
## 学生工作手册

姓　名＿＿＿＿＿＿＿＿＿＿＿

学生工单 1

| 学习内容 | 项目 1　电子产品整机装配工具与检测仪器<br>任务 1　常用装配工具的识别与选择 |
|---|---|
| 技能测试 1 | 完成给定装配工具的识别 |
| | 识别步骤： |
| | 识别结果 |
| 技能测试 2 | 完成给定装配工具的使用 |
| | 使用过程（附图片）： |
| 学习总结 | 本次任务已解决的问题与未解决的问题 |
| | 1. 已解决的问题 |
| | 2. 未解决的问题 |
| 本次任务心得 | |
| 教师点评 | |
| 学生成绩 | |

学生工单 2

| 学习内容 | 项目 1　电子产品整机装配工具与检测仪器<br>任务 2　万用表的认识与使用 | | | | |
|---|---|---|---|---|---|
| 技能测试 1 | 完成给定电路直流电压的测量 | | | | |
| | 测量步骤： | | | | |
| | 测量值 | | 实际值 | | 误差值 | |
| 技能测试 2 | 完成给定电路交流电压的测量 | | | | |
| | 测量步骤： | | | | |
| | 测量值 | | 实际值 | | 误差值 | |
| 技能测试 3 | 完成给定电路直流电流的测量 | | | | |
| | 测量步骤： | | | | |
| | 测量值 | | 实际值 | | 误差值 | |

| 技能测试 4 | 完成给定电阻的测量 | | | | |
|---|---|---|---|---|---|
| | 测量步骤： | | | | |
| | 测量值 | | 实际值 | | 误差值 |
| 学习总结 | 本次任务已解决的问题与未解决的问题 | | | | |
| | 1. 已解决的问题 | | | | |
| | 2. 未解决的问题 | | | | |
| 本次任务心得 | | | | | |
| 教师点评 | | | | | |
| 学生成绩 | | | | | |

| 学习内容 | 项目 1　电子产品整机装配工具与检测仪器<br>任务 3　检测仪表的使用 |
|---|---|
| 技能测试 1 | 用示波器测试指定物理量 |
| | 测量步骤： |
| | 测量结果 |
| 技能测试 2 | 调节信号发生器面板上的旋钮，使之分别输出：50 Hz/85 mV、120 Hz/24 mV、1 kHz/200 mV、18 kHz/1 V、5 MHz/2 V 的正弦波信号 |
| | 测试过程（附图片）： |
| 学习总结 | 本次任务已解决的问题与未解决的问题 |
| | 1. 已解决的问题 |
| | 2. 未解决的问题 |
| 本次任务心得 | |
| 教师点评 | |
| 学生成绩 | |

| 学习内容 | 项目 2　电子产品整机装配常用元器件的识别与检测<br>任务 1　电阻的识别与检测 |
|---|---|
| 技能测试 1 | 完成给定电阻的识别 |
| | 识别步骤： |
| 技能测试 2 | 完成给定电阻的测量 |
| | 1. 完成给定电位器的测量 |
| | 测量步骤： |
| | 测量值 |
| | 2. 完成给定排阻的测量 |
| | 测量步骤： |
| | 测量值 |

| | 3. 完成给定光敏电阻的测量 |
| | 测量步骤: |
| | |
| | 测量值 | |
| 学习总结 | 本次任务已解决的问题与未解决的问题 |
| | 1. 已解决的问题 |
| | 2. 未解决的问题 |
| 本次任务心得 | |
| 教师点评 | |
| 学生成绩 | |

| 学习内容 | 项目 2 电子产品整机装配常用元器件的识别与检测<br>任务 2 电容的识别与检测 | | | | |
|---|---|---|---|---|---|
| 技能测试 1 | 完成给定电容的识别 | | | | |
| | 识别步骤： | | | | |
| 技能测试 2 | 完成给定电容的测量 | | | | |
| | 测量步骤： | | | | |
| | 直标法 | | 数码标注法 | | 色标法 | |
| 学习总结 | 本次任务已解决的问题与未解决的问题 | | | | |
| | 1. 已解决的问题 | | | | |
| | 2. 未解决的问题 | | | | |
| 本次任务心得 | | | | | |
| 教师点评 | | | | | |
| 学生成绩 | | | | | |

| 学习内容 | 项目 2　电子产品整机装配常用元器件的识别与检测<br>任务 3　电感的识别与检测 | | | |
|---|---|---|---|---|
| 技能测试 1 | 完成给定电感的识别 | | | |
| | 识别步骤： | | | |
| 技能测试 2 | 完成给定电感的测量 | | | |
| | 测量步骤： | | | |
| | 直标法 | 文字符号法 | 色标法 | 数码标注法 |
| 学习总结 | 本次任务已解决的问题与未解决的问题 | | | |
| | 1. 已解决的问题 | | | |
| | 2. 未解决的问题 | | | |
| 本次任务心得 | | | | |
| 教师点评 | | | | |
| 学生成绩 | | | | |

| 学习内容 | 项目2　电子产品整机装配常用元器件的识别与检测<br>任务4　二极管的识别与检测 |
|---|---|
| 技能测试1 | 完成给定二极管的识别 |
|  | 识别依据：<br><br><br>识别结果： |
| 技能测试2 | 判断给定二极管质量的好坏 |
|  | 步骤：<br><br><br>结论： |
| 学习总结 | 本次任务已解决的问题与未解决的问题 |
|  | 1. 已解决的问题<br><br><br>2. 未解决的问题 |
| 本次任务心得 |  |
| 教师点评 |  |
| 学生成绩 |  |

| 学习内容 | 项目 2 电子产品整机装配常用元器件的识别与检测<br>任务 5 晶体管的识别与检测 |
|---|---|
| 技能测试 1 | 完成给定晶体管的识别 |
| | 识别依据:<br><br><br>识别结果: |
| 技能测试 2 | 判断给定晶体管质量的好坏 |
| | 步骤:<br><br><br>结论: |
| 学习总结 | 本次任务已解决的问题与未解决的问题 |
| | 1. 已解决的问题 |
| | 2. 未解决的问题 |
| 本次任务心得 | |
| 教师点评 | |
| 学生成绩 | |

| 学习内容 | 项目 2　电子产品整机装配常用元器件的识别与检测<br>任务 6　变压器的识别与检测 |
|---|---|
| 技能测试 1 | 完成给定变压器的识别 |
| | 识别依据：<br><br><br>识别结果： |
| 技能测试 2 | 判断给定变压器质量的好坏 |
| | 步骤：<br><br><br>结论： |
| 学习总结 | 本次任务已解决的问题与未解决的问题 |
| | 1. 已解决的问题 |
| | 2. 未解决的问题 |
| 本次任务心得 | |
| 教师点评 | |
| 学生成绩 | |

| 学习内容 | 项目 2　电子产品整机装配常用元器件的识别与检测<br>任务 7　光耦合器的识别与检测 |
|---|---|
| 技能测试 1 | 完成给定光耦合器的识别 |
| | 识别依据：<br><br><br>识别结果： |
| 技能测试 2 | 判断给定光耦合器质量的好坏 |
| | 步骤：<br><br><br>结论： |
| 学习总结 | 本次任务已解决的问题与未解决的问题 |
| | 1. 已解决的问题 |
| | 2. 未解决的问题 |
| 本次任务心得 | |
| 教师点评 | |
| 学生成绩 | |

| 学习内容 | 项目 2　电子产品整机装配常用元器件的识别与检测<br>任务 8　场效应管的识别与检测 |
|---|---|
| 技能测试 1 | 完成给定场效应管的识别 |
| | 识别依据：<br><br><br>识别结果： |
| 技能测试 2 | 判断给定场效应管质量的好坏 |
| | 步骤：<br><br><br>结论： |
| 学习总结 | 本次任务已解决的问题与未解决的问题 |
| | 1. 已解决的问题 |
| | 2. 未解决的问题 |
| 本次任务心得 | |
| 教师点评 | |
| 学生成绩 | |

| 学习内容 | 项目 2 电子产品整机装配常用元器件的识别与检测<br>任务 9 开关的识别与检测 |
|---|---|
| 技能测试 1 | 完成给定开关的识别 |
| | 识别依据：<br><br><br>识别结果： |
| 技能测试 2 | 判断给定开关的好坏 |
| | 步骤：<br><br><br>结论： |
| 学习总结 | 本次任务已解决的问题与未解决的问题 |
| | 1. 已解决的问题 |
| | 2. 未解决的问题 |
| 本次任务心得 | |
| 教师点评 | |
| 学生成绩 | |

学生工单 13

| 学习内容 | 项目 2　电子产品整机装配常用元器件的识别与检测<br>任务 10　集成电路的识别与检测 |
|---|---|
| 技能测试 1 | 完成给定集成电路芯片的识别 |
|  | 识别依据：<br><br><br>识别结果： |
| 技能测试 2 | 完成给定集成电路芯片的测试 |
|  | 步骤：<br><br><br>结论： |
| 学习总结 | 本次任务已解决的问题与未解决的问题 |
|  | 1. 已解决的问题 |
|  | 2. 未解决的问题 |
| 本次任务心得 |  |
| 教师点评 |  |
| 学生成绩 |  |

| 学习内容 | 项目 3　电子产品的焊接工艺<br>任务 1　手动焊接工具的操作方法 |
|---|---|
| 技能测试 1 | 完成给定元器件的焊接 |
|  | 焊接步骤（附图片）： |
| 技能测试 2 | 完成给定导线的焊接及连接 |
|  | 步骤（附图片）： |
| 学习总结 | 本次任务已解决的问题与未解决的问题 |
|  | 1. 已解决的问题 |
|  | 2. 未解决的问题 |
| 本次任务心得 |  |
| 教师点评 |  |
| 学生成绩 |  |

| 学习内容 | 项目 3　电子产品的焊接工艺<br>任务 2　手动拆焊 |
|---|---|
| 技能测试 | 完成给定元器件的拆焊 |
| | 拆焊步骤（附图片）： |
| 学习总结 | 本次任务已解决的问题与未解决的问题 |
| | 1. 已解决的问题 |
| | 2. 未解决的问题 |
| 本次任务心得 | |
| 教师点评 | |
| 学生成绩 | |

| 学习内容 | 项目 3  电子产品的焊接工艺<br>任务 3  表面贴装技术 |
|---|---|
| 技能测试 1 | 完成给定元器件的焊接 |
| | 焊接步骤（附图片）： |
| 技能测试 2 | 用万用表对元器件焊接质量进行检测 |
| | 步骤：<br><br>结论： |
| 学习总结 | 本次任务已解决的问题与未解决的问题 |
| | 1. 已解决的问题 |
| | 2. 未解决的问题 |
| 本次任务心得 | |
| 教师点评 | |
| 学生成绩 | |

| 学习内容 | 项目 4　整机装配工艺及调试<br>任务 1　整机装配工艺<br>任务 2　整机调试 |
|---|---|
| 技能测试 1 | 能够完成简单产品的整机装配 |
|  | 装配过程（附图片）： |
| 技能测试 2 | 能够对已装配的整机进行调试 |
|  | 调试过程（附图片）： |
| 学习总结 | 本次任务已解决的问题与未解决的问题 |
|  | 1. 已解决的问题 |
|  | 2. 未解决的问题 |
| 本次任务心得 |  |
| 教师点评 |  |
| 学生成绩 |  |

| 学习内容 | 项目 5　电子产品整机的装配与调试实训案例<br>任务 1　超外差式收音机的装配与调试实训 |
|---|---|
| 技能测试 1 | 完成超外差式收音机的安装 |
|  | 安装步骤（附图片）： |
| 技能测试 2 | 完成超外差式收音机的检测与调试 |
|  | 步骤： |
| 学习总结 | 本次任务已解决的问题与未解决的问题 |
|  | 1. 已解决的问题 |
|  | 2. 未解决的问题 |
| 本次任务心得 |  |
| 教师点评 |  |
| 学生成绩 |  |

| 学习内容 | 项目 5　电子产品整机的装配与调试实训案例<br>任务 2　充电器和稳压电源两用电路的装配与调试实训 |
|---|---|
| 技能测试 1 | 完成充电器和稳压电源两用电路的安装 |
| | 安装步骤（附图片）： |
| 技能测试 2 | 完成充电器和稳压电源两用电路的检测与调试 |
| | 步骤： |
| 学习总结 | 本次任务已解决的问题与未解决的问题 |
| | 1. 已解决的问题 |
| | 2. 未解决的问题 |
| 本次任务心得 | |
| 教师点评 | |
| 学生成绩 | |

| 学习内容 | 项目 5　电子产品整机的装配与调试实训案例<br>任务 3　心形流水灯的装配与调试实训 |
|---|---|
| 技能测试 1 | 完成心形流水灯的安装 |
| | 安装步骤（附图片）： |
| 技能测试 2 | 完成心形流水灯的调试 |
| | 步骤（附图片）： |
| 学习总结 | 本次任务已解决的问题与未解决的问题 |
| | 1. 已解决的问题 |
| | 2. 未解决的问题 |
| 本次任务心得 | |
| 教师点评 | |
| 学生成绩 | |

| 学习内容 | 项目 5　电子产品整机的装配与调试实训案例<br>任务 4　智能循迹小车的装配与调试实训 |
|---|---|
| 技能测试 1 | 完成智能循迹小车的安装 |
|  | 安装步骤（附图片）： |
| 技能测试 2 | 完成智能循迹小车的调试 |
|  | 步骤（附图片）： |
| 学习总结 | 本次任务已解决的问题与未解决的问题 |
|  | 1. 已解决的问题 |
|  | 2. 未解决的问题 |
| 本次任务心得 | |
| 教师点评 | |
| 学生成绩 | |

| 学习内容 | 项目5 电子产品整机的装配与调试实训案例<br>任务5 多路竞赛抢答器的装配与调试实训 |
|---|---|
| 技能测试1 | 完成多路竞赛抢答器总体方案的设计 |
| | 设计步骤（附图片）： |
| 技能测试2 | 完成多路竞赛抢答器的装配与调试 |
| | 步骤（附图片）： |
| 学习总结 | 本次任务已解决的问题与未解决的问题 |
| | 1. 已解决的问题 |
| | 2. 未解决的问题 |
| 本次任务心得 | |
| 教师点评 | |
| 学生成绩 | |